アジアのまち再生
社会遺産を力に

REGENERATION
OF
ASIAN TOWN
Possibilities of Social Heritage

アジアのまち再生
社会遺産を力に

山家京子　重村力　内田青蔵
曽我部昌史　中井邦夫　鄭一止
編著

鹿島出版会

目次

はじめに ── アジアの空間的特質と社会遺産　　　　　　　　　山家京子　007

PART I　歴史の読解とリデザイン

case 1　スクラップアンドビルドを超えて
武漢新天地／武漢・中国　　　　　　　　　李百浩、松本康隆、李朝　018

case 2　日本寺院跡地に刻まれた物語のリデザイン
西本願寺広場／台北・台湾　　　　　　　　　　　　　　　王惠君　030

case 3　昭和レトロなまちなみの継承
六角橋商店街／横浜・日本　　　　　　　　　　　　　　山家京子　042

case 4　ハイブリッド都市における歴史街区の再生
中華バロック歴史街区／ハルビン・中国　　　　　　余洋、王馨笛　054

case 5　負のイメージを転換するエリアマネジメント
黄金町／横浜・日本　　　　　　　　　　　　　　　　　上野正也　066

case 6　開港場租界における歴史的建造物群の現代的活用
旧中国人街・日本人街／仁川・韓国　　　　　　　　　　　尹仁石　078

PART II　点・線から面への広がり

case 7　空き家再生とまちの資源の発信
三津浜にぎわい創出事業／松山・日本　　　　　　　　　岡部友彦　086

case 8　旧居留地のブールバールとモダンなまちなみ
　　　　日本大通り／横浜・日本　　　　　　　　　　内田青蔵　098

case 9　ハイブリッドな近代建築が描き出す地域像
　　　　北城路近代リノベーション事業／大邱・韓国　鄭一止　110

case 10　リノベーションによる若者のまちなか居住促進
　　　　シェアフラット馬場川／前橋・日本　　　　　石田敏明　126

case 11　まちの基点としてのコア・ビルディング
　　　　防火帯建築群／横浜・日本　　　　　　　　　中井邦夫　138

case 12　ダークツーリズムによる復興
　　　　津波被災地／アチェ・インドネシア　　　　　長谷川日月　150

PART III　脆弱街区の持続的再生

case 13　アーティストと住民の対話による不法占拠村の再生
　　　　トレジャーヒル・アーティスト・ビレッジ／台北・台湾　荘亦婷　162

case 14　生業と支援ネットワークが創出する効率的な暮らし
　　　　パヤタス廃棄物処分場居住区／ケソン・フィリピン　曽我部昌史　174

case 15　住民主導のアートによるまちづくり
　　　　甘川洞文化村と書洞／釜山・韓国　　　　　　丸山美紀　186

case 16　国際建築家チームが参画する住宅改善
　　　　イェラワダ地区／プネ・インド　　　　　　　吉岡寛之　198

PART IV 簡素な建築と豊かな文脈

case 17 被災集落の復元力・オンサイトの復興
プレンブタン／バンツール・インドネシア　　　重村力、山口秀文　210

case 18 伝統的住宅街区にみるレイヤーの重なり
コタクデ歴史的保存地区／コタクデ・インドネシア　　　イカプトラ　222

case 19 伝統的住宅の拡張・再構成による多世帯化
カウマン・カンポン／
ジョグジャカルタ・インドネシア　　　レトナ・ヒダヤー　238

case 20 営みの持続を支える手法と実践
再生・復興事例／ジョグジャカルタ・インドネシア　　　中井邦夫　250

総説　現代史のコラージュ／東アジア都市
都市の風景の背後に通底する戦争と平和のもたらした問題　　　重村力　262

あとがき　303

case 4　Updating and utilizing the "Chinese Baroque" historic district in the Daowai district of Harbin
Yang YU, Xindi WANG　280

case 13　Treasure Hill Artist Village, Taipei, Taiwan
I-ting CHUANG　285

case 18　**Kotagede:** The Big City
IKAPUTRA　290

case 19　Historical Kampung of Kauman Yogyakarta Indonesia:
Plot Development and Spatial Transformation of Housing
Retna HIDAYAH　296

はじめに──アジアの空間的特質と社会遺産

山家京子

　まちには固有の状況が存在する。

　本書の副題「社会遺産」は人がまちに身を置いたときに、すでにそのまちが有している状況、すなわち社会環境の意味で使用している。日本語では聞き慣れない言葉だが、英語ソーシャル・ヘリテッジsocial heritageは人が生まれたときに置かれていた社会的境遇を意味する。それぞれのまちには社会遺産があり、まちの空間的特質として立ち現れる。社会遺産は状況であり、そこに身を置くだけで巻き込まれるような強い社会遺産もあれば、まちに真摯に向き合って初めて見えてくる微弱なものもある。

　本書の目的は、アジアのまち再生プロジェクトの事例検討により、アジアに共通するまちの社会遺産と、社会遺産をまち再生の力に変えるアジア的方法を見出すことにある。

　現在、世界のあちらこちらで「まち再生」が行われている。それらはかつてのようにスクラップアンドビルドではなく、パトリック・ゲデスが先駆的に「控えめな手術」を試みたように、あるいは近年「リノベーションまちづくり」と呼ばれるように、現在の空間的状況を活かしながら、少しずつ手を入れていく手法による。まち全体を再生する目的で部分を改変することもあれば、たまたま手を入れる必要が生じた部分の集積がまち全体を変えていく場合もある。いずれもゼロからまちを作り上げるのではなく、建造物など目に見える物理的環境の改変を通して、社会遺産を強化したり、よりよいものへと転換する作業である。

　本書が対象とするのは「アジア」のまち再生であり、アジアの中でも主として（アジア3分類：西アジア、中

央アジア、東アジアに基づく）東アジアである。例えば、私たちは東アジアの屋台が並んでいる通りに身を置いたとき、それを「アジア的」空間と感じる。ここでは、曖昧だけれど多くの人が共有するこの感覚に基づき、それを「アジア的」と呼ぶ。そして、東アジアのまちはそれぞれ「異なっている」と同時に、この「アジア的」空間によって「似通っている」。

まず、「アジア的」空間は簡素な建築がびっしりと建ち並び、自然発生的な有機的構成をなし、濃密で湿度の高い空気感を有する。それは、幾何学的な都市基盤と堅固な建造物からなり乾いた空気感をもつヨーロッパや、砂漠気候にあって自然と人に対して防御的な構えをもつアラブ世界とは異なるものである。これら空間構成と空気感は気候だけでなく、自然観や宗教観も反映している。

また、私たちは「昭和を感じさせる懐かしいまちなみ」に出会ったときにも「アジア」的空間を感じる。それは先述した簡素な建築による濃密な空間と根を同じくするものであり、また東アジア固有の背景として、現代史において日本がもたらした占領の傷跡に由来する空間的特質である。

アジアのまちは本来、自然に寄り添い文化的にも豊かな文脈をもっており、それらは正の社会遺産といえる。一方、自然災害、戦争、人の営みがもたらした歪みによる負の社会遺産も抱えている。まち再生はこれらの空間的特質として立ち現れる社会遺産を解釈し、時に寄り添い、活用し、あるいは克服することに他ならない。

まち再生のキーワード

本書は20の事例から構成され、それらは7つの国・地域、15の都市・地域に及ぶ。

20の事例は、相互にキーワードをもつ。社会遺産を説明するキーワードとして、ハイブリッド、災害、脆弱性、衰退（の恐れ）、コミュニティ。社会遺産を力に変える方法として、エリアマネジメント、リノベーション、保全、住民参加、アート、建築家支援、象徴的拠点をあげた。事例と該当するキーワードを12-13頁のマトリックスに示す。

「社会遺産」に関するキーワードを以下に説明する。◎、○はマトリックスの記号を示す。

ハイブリッド：そのまちが辿った歴史から、異なる文化・様式が混在する状態を指す。日本においては西洋化の流れ、東アジアにおいては日本租界、日本人街の存在がある。東アジアにおいて日本統治時代の建物は反発の対象でもあるが、まちの記憶を構成する空間要素として、それらをいかに活用していくかに関心が移っている。◎は日本租界、日本人街に該当する事例。

災害：まちが蓄積してきた記憶が分断され、風景が一転するときがある。すなわち、自然災害と戦争災害である。本書の事例で扱う自然災害は津波を含む地震災害がほとんどである。戦災は物理的な空間の分断もあるが、文化的な分断も引き起こす。◎は戦災を経験し、その社会遺産に向き合う事例。

脆弱性：脆弱性（vulnerable）は傷つきやすい状態を指す。都市計画においては、災害に対して弱い建築・街区に用いられることが多いが、本書では低所得者層地区や不法占拠地区など社会的に傷つきやすい問題地区も含める。

衰退（の恐れ）：すでに衰退している、あるいは衰退しつつある地区だけでなく、商店街などのにぎわいの維持を課題とする場合を指す。

コミュニティ：コミュニティの再構築が求められる、あるいは持続可能性の担保を課題とする。

「社会遺産を力に変える方法」に関するキーワードは次のとおりである。

エリアマネジメント：そのエリア全体を運営する手法。良好な環境や地域の価値を維持・向上させるための、住民等による主体的な取り組みを指す。行政主導ではなく、中間支援組織など推進組織の役割が大きい。

リノベーション：既存の建物を改修して付加価値を与えることをいう。リノベーションの対象は、空き家、歴史的建造物、異なる文化様式（日本式）をもった住宅など。その空間的価値をいかに継承するかが鍵となる。

保全：本書で紹介する事例は、すべて歴史を読解し踏襲しており、広い意味ではすべて「保全」といえる。なかでも保全的意味合いが強い事例を○で表示し、◎は保存に近い事例である。

住民参加：まちの社会遺産に向き合

い再生の力に変えるのは住民、あるいはそのまちに深く関わる人たちである。特に、コミュニティの再生および持続を意図する場合、住民の主体的関わりは必要不可欠である。

アート：近年、アートをまち再生の力とする事例が増えている。アートインレジデンスの形をとることで、住民と積極的に関わりながら再生に結びつけている。さらに、アートが観光資源となり、生活ツーリズムを誘引する経済効果もある。

建築家支援：拠点的施設をコンペとし、建築家がデザインを手掛けるなど、多くの再生事例で建築家が関わっている。ここでは、エリア全体を見渡す存在として、すなわち再生のエンジンとしての建築家の支援を問うている。

象徴的拠点：住民の心のよりどころとなる施設を指す。いくつかの形態が想定され、ひとつはまちの歴史を紹介するまち博物館である。まちに刻まれた歴史の共有により住民の共属感情を高めるとともに、外部への発信も担う。その他、中間支援組織が活動する再生プロジェクトの拠点的施設であったり、もともと心のよりどころであった宗教的施設を再生

の重要施設に位置づける事例がある。

本書の構成と読み方

本書では、20の事例を4部構成で示している。それぞれの部のタイトルは、「歴史の読解とリデザイン」「点・線から面への広がり」「脆弱街区の持続的再生」「簡素な建築と豊かな文脈」である。

「歴史の読解とリデザイン」まちの歴史とその現れである地域空間はまさに社会遺産の代表的なものである。それをどのように読み取り、リデザインしていくのか。そこにアジア的課題と現代的解決の糸口がみえてくる。「点・線から面への広がり」はまちの再生を、ひとつの、あるいは点在する建造物群の再生を手がかりとする事例を集めている。個々の建造物の再生の集積がまちの空気を変え、次代のまちの社会遺産となる。「脆弱街区の持続的再生」は低所得者層居住区の再生事例を扱っている。再生のための大きなエンジンが必要で、エリアマネジメント、住民参加、アート、建築家支援など多くの力が合わさっている。「簡素な建築と豊かな文脈」は編著者らが共同調査研究で実施したインドネシア・ジ

ョグジャカルタ周辺の海外調査に基づくものである。調査協力をお願いした現地の二人の先生に論考を寄稿いただくとともに、それらの論考を踏まえ、調査で得られたまち再生に関する知見を中井がまとめた。

　最後に、これら事例を通す横櫛としてアジア的まちの再生の課題と再生方法について、重村が総説にまとめた。事例に挙げたまちを擁する都市を通史的に俯瞰し、歴史がコラージュされた東アジアの都市の風景と社会遺産の可能性を示したものである。

　これらの部の構成は、読みやすさを考えたゆるい括りで、学術的意図やこうでなければならないというものでもない。最初から読み進んでもよいし、興味のある国・地域や都市を選んでいただいてもよい。キーワードのマトリックスを参照し自らの関心に従って、順番を入れ替えて読むのもいいと思う。

　アジアのまちの社会遺産を豊かな文脈に組み込み、再生へと転換する力を読み取っていただければ幸いである。

マトリックス

case	主題	地区・事業名	都市	国・地域
歴史の読解とリデザイン				
1	スクラップアンドビルドを超えて	武漢新天地	武漢	中国
2	日本寺院跡地に刻まれた物語のリデザイン	西本願寺広場	台北	台湾
3	昭和レトロなまちなみの継承	六角橋商店街	横浜	日本
4	ハイブリッド都市における歴史街区の再生	中華バロック歴史街区	ハルビン	中国
5	負のイメージを転換するエリアマネジメント	黄金町	横浜	日本
6	開港場租界における歴史的建造物群の現代的活用	旧中国人街・日本人街	仁川	韓国
点・線から面への広がり				
7	空き家再生とまちの資源の発信	三津浜にぎわい創出事業	松山	日本
8	旧居留地のブールバールとモダンなまちなみ	日本大通り	横浜	日本
9	ハイブリッドな近代建築が描き出す地域像	北城路近代リノベーション事業	大邱	韓国
10	リノベーションによる若者のまちなか居住促進	シェアフラット馬場川	前橋	日本
11	まちの基点としてのコア・ビルディング	防火帯建築群	横浜	日本
12	ダークツーリズムによる復興	津波被災地	アチェ	インドネシア
脆弱街区の持続的再生				
13	アーティストと住民の対話による不法占拠村の再生	トレジャーヒル・アーティスト・ビレッジ	台北	台湾
14	生業と支援ネットワークが創出する効率的な暮らし	パヤタス廃棄物処分場居住区	ケソン	フィリピン
15	住民主導のアートによるまちづくり	甘川洞文化村と書洞	釜山	韓国
16	国際建築家チームが参画する住宅改善	イェラワダ地区	プネ	インド
簡素な建築と豊かな文脈				
17	被災集落の復元力・オンサイトの復興	プレンブタン	バンツール	インドネシア
18	伝統的住宅街区にみるレイヤーの重なり	コタクデ歴史的保存地区	コタクデ	インドネシア
19	伝統的住宅の拡張・再構成による多世帯化	カウマン・カンポン	ジョグジャカルタ	インドネシア
20	営みの持続を支える手法と実践	再生・復興事例	ジョグジャカルタ	インドネシア

	社会遺産					力に変える再生手法						
	ハイブリッド	災害	脆弱性	衰退(の恐れ)	コミュニティ	エリアマネジメント	リノベーション	保全	住民参加	アート	建築家支援	象徴的拠点
	◎			○				◎			○	
	◎	○	○		○			◎				○
			◎	○	○	○		○	○		○	
	○			○				◎		○		
		◎	○	○			○		○		○	
	◎				○	○	○	○		○		○
				○	○	○					○	○
	○	○						◎				
	◎			○	○	○	○	○	○		○	
				○	○	○	○		○		○	
			○			○	○					
			○	○	○							○
		◎	○		○			○	○	○	○	○
				○	○	○			○			○
		◎	○		○	○	○	○				
			○		○	○		○		○		
		○	○	○		○		○			○	○
		○	○					◎			○	
			○	○				○				
		○	○		○			○	○		○	○

case 9　北城路近代リノベーション事業　大邱・韓国
case 6　旧中国人街・日本人街　仁川・韓国
case 15　甘川洞文化村と書洞　釜山・韓国
case 1　武漢新天地　武漢・中国
case 16　イェラワダ地区　プネ・インド
case 12　津波被災地　アチェ・インドネシア

PART 1

歴史の読解とリデザイン

case 1
スクラップアンドビルドを超えて
武漢新天地／武漢・中国

李百浩、松本康隆、李朝

武漢新天地とは

　武漢に地元の人々でにぎわうところがある。とはいっても、武漢の朝食として著名な「熱干面」が売られているわけではなく、朝の出勤時間帯は警備員と清掃員を除いて人はほとんどいない。10時から店が開きはじめ、まずはカフェが若者を引き寄せはじめる。昼からは半屋外の飲食エリアがにぎわい、夕方は制服姿の学生が思い思いの軽食を食べ、夜は仕事を終えた大人たちがレストランへ、深夜はクラブの重低音が再び若者を引き寄せる。休日ともなると多くの家族連れでにぎわい、ちらほら見える外国人も武漢の住人だ。

　2007年竣工の武漢新天地は敷地面積3.3ha、武漢市内で交通の要所にあるが容積率は1.7と低い。この中に国内外の著名なカフェ、ファストフード、レストラン、バー、雑貨店、ブティックから映画館、書店、英会話教室、美容院、フィットネスジム、スパなどが揃う。雑多に集められているように見えるが、実は都市中産階級の需要に焦点を絞った、極めて合理的な構成なのである。

瑞安「新天地」開発モデル

　中国で「新天地」と聞いてすぐ思い浮かぶのは上海新天地（3ha）である。上海新天地を含む太平橋地区（52ha）の再開発工事は、1999年に不動産開発会社である瑞安房地産公司（以下、瑞安とする）によって開始された。1980年代、上海は改革開放後の急速な都市化とともに「住宅危機」と呼ばれるほどの住宅不足が生じた。

左上：設備が整った半屋外空間、地域の空間文化を受け継いでいる
左下：モダンな書店、都市中産階級の需要に目標を定めている

図1　武漢新天地内に点在する広場の一つ、子供の遊びを引き出す噴水

図2　洗練された衣服や雑貨が揃うブティック

図3　英会話教室、子供から大人まで多様なメニューが揃う

1990年代にはその数的危機が緩和され、1999年はちょうど都市の質的向上に主眼を移した都市計画「上海市城市総体規劃」(1999~2020年)が策定された年である。この計画と関係しながら、瑞安が定めた太平橋地区の発展目標は、①総合的な国際化地区をつくりだすこと、②上海の国際化に必要な特定のグループを引き寄せ、引き留める地区にすることであった。

　武漢とも関連するので、もう少し詳しくこの上海新天地の計画の全体配置を見てみよう。地区の中心に人造湖を設け、北に企業本部区、南に住宅区、西に歴史保護区（上海新天地）、東に小売商業・劇場区を配している（図4）。本来は採算のとりやすい住宅区、商業区、企業区の開発を先に始め、その後に人造湖と上海新天地に着手する予定であった。前三区の開発で集めた資金から人造湖開発資金を工面し、採算のあまりとれそうもない上海新天地にも他区の余剰金を充てるためである。

　しかし1997年7月に発生したアジア通貨危機の影響を受けて不動産市場が低迷した。そこで瑞安は戦略的に大きな調整を行った。まず市場混乱の影響を避けるため、住宅建設を

しばらく見合わせること、そして歴史保護区としての上海新天地建設を通して太平橋地区の知名度を高めることであった。つまり当初の建設順序を逆にして先に上海新天地と人造湖の開発を行うことにしたのである。この戦略はみごとに成功し、その後の住宅、企業誘致に良い結果をもたらした。先に良好な環境が保証されたことにより、テナント企業や住宅購入者が高い評価を与えたのである。

「新天地」の名前は、1921年の共産党第一回会議の場所に由来する。その会議を通称「一大（会）」と言うが、「天」はこの二つの漢字を一つにしたものだ。そして「地」は中国語で場所を意味する「地方」である。中国共産党にとって歴史的価値の極めて高い遺産（「一大」が行われた建物）が太平橋地区（旧フランス租界内）にあり、その建築保存が再開発の絶対条件として求められていたのである。ただし、政府が瑞安に求めていたのは、建築単体の保存であり、その他については特に制約がなかった。しかし瑞安は、単なる建築保存ではなく、歴史的街区保存事業とした。しかも、その目新しい手法が評価され、みごとに太平橋地区再開発の知名度

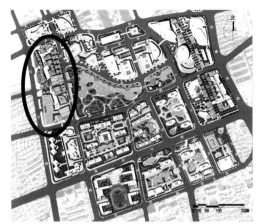

図4　上海太平橋地区再開発総合平面図。中央の大きな人造湖の左の楕円で囲った区域が上海新天地

図5　武漢新天地の位置

を高めたのである。

その開発手法は、一つの時代を選択して復元的な景観を追求する従来の歴史的街区保存とは異なり、残された建築群に新しく広場や現代建築を大胆に挿入し、異なる時代の建物を街区規模で融合させるものであっ

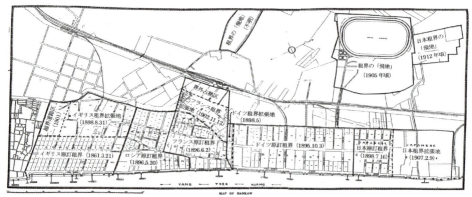

図6　漢口租界拡張模式図

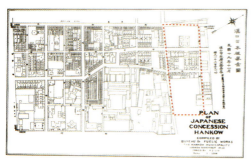

図7　漢口日本租界全図（1930年）（点線囲いは筆者）

図8　永清片と武漢新天地の位置関係

た。この手法は高い評価を得て、他の開発に大きな影響を与え、「新天地」開発モデルとなったのである。そして瑞安はこの上海新天地が一つの核となった巨大な太平橋地区再開発事業の成功により、その後杭州西湖天地、重慶天地、上海創智天地、武漢天地、大連天地、仏山嶺南天地などの再開発を続々と手がけていくこととなった。

場所と記憶

では武漢新天地を見ていこう。武漢は長江と漢江という二つの川を挟んで隣り合う漢口、武昌、漢陽のエリアからなる（図5）。この三つは遅くとも隋代から別々に統治されてきた。近代になると漢口は天津条約（1858年）により開港地に指定され、1861年

に正式開港、外国人租界地が置かれはじめた。武昌では1911年に辛亥革命が発生、その後行政的中心地となった。漢陽は近代工業発祥地の一つとして、特に鉄鋼生産で知られている。これらが武漢市として一つの行政単位に組み入れられたのは国民革命軍がこの地を攻略した1926年であるが、長くは続かなかった。3エリアがまとまった武漢市として安定した行政運営がなされるのは中華人民共和国が成立した1949年からである。

このような歴史をもつ武漢の中で、武漢新天地はかつての租界地が置かれた漢口に位置する。漢口租界当時の様子は図6のように、左からイギリス、ロシア、フランス、ドイツ、日本と各国租界地が並んでいるが、後に武漢新天地となる場所は日本租界拡張地であった。図7は日本租界全体の図であるが、拡張地部分はまだ開発が進んでおらず、武漢新天地となる部分（点線囲い部分）は1930年当時、特に空地が多かったことがわかる。

武漢市政府の都市計画と歴史建築

では、武漢新天地の開発に至る経緯の考察に移る。その起点は、後に武漢新天地となる地を含む永清片地区が、再開発地として焦点が当たったときである（図8）。1995年永清片地区北端に通じる武漢長江二橋が開通した。これによって武漢長江大橋（一橋）、長江二橋を架け橋とした漢口、武昌、漢陽の3エリアを結ぶ循環路ができあがったのである。それは武漢の都市発展にとって極めて重要な意味をもつと同時に、永清片再開発を推進する大きな動力源となった。2000年前後にはその循環路を構成する解放大道沿いに高層ビルが林立するようになり、2002年9月、その裏手に位置する永清片再開発工事のための建物の取り壊しが開始された。それには鉱工業関連企業や小売業、その他住人など、1.15万人ほどの立ち退きを伴った。

武漢市政府は当初、一部無秩序に過密化したこの地域の再開発を、すべてスクラップアンドビルドで考えていた。開発のための調査を通して歴史建築22棟の存在が明らかになったが、その方針は変えていなかった。しかし、2002年12月に実施した開発のためのアイディアコンペにおいて、集まった応募作品の多くが歴史建築を保存する案であったため、政府も保存の方向に傾いた。

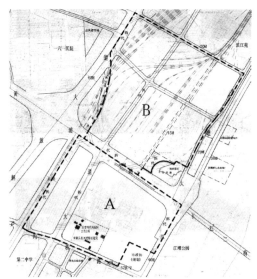

図9　長江二橋へつながる武漢大道を挟んで南がA地区、北がB地区。A地区の南側中央付近に歴史建築も図示されている

図10　図下方中央が武漢新天地。歴史建築が分布するエリアを中心に開発されていることがわかる

そして政府は、専門家を招集して意見を求めた。まずは先の歴史建築22棟のうち11棟の価値が特に高いという共通認識を得た。その後、専門家はさらなる調査を行い、9棟を必ず保存すべき旨の意見書を政府に提出し、その9棟を歴史建築として指定するよう求めた。しかし、政府はためらった。「保存」という制限がつくことによって、開発会社がつかないことを恐れたのである。

その間にも、永清片の西に接して2003年10月に鉄道敷設が完了し、2004年7月には黄浦路駅が使用開始、永清片の価値はますます高まっていく。地価の高騰は巨大な資本力を要求するため、開発会社にとっては参入ハードルが高くなる。政府も焦る中、2005年4月ようやく瑞安が土地の使用権を購入した。

永清片の歴史建築について、政府は正式に指定しなかったものの、新たに決まった開発会社である瑞安との直接の協議で保存の方向にもっていくことにした。それには、2005年7月「歴史文化名城保護規劃規範」の発布も大きく後押しした。結果的に、専門家が訴えた建物のうち、9棟の保存が図られ（うち1棟は武漢新天地外

にあり、武漢新天地内は8棟となる)、3棟については2014年に武漢優秀歴史建築に指定された。

瑞安の開発計画

図9は瑞安が購入した開発地である。永清片（A区）だけでなく、長江二橋に直接つながる武漢大道を挟んで北側のB区を含めた総面積61.2haである。規模の大きな旧市街地の再開発であること、オフィスビル、住宅、小売商業、文化娯楽施設を含む総合開発であること、そして歴史建築の保存が求められていることなど、上海太平橋再開発との共通点が多い。

瑞安はA区をオフィス、商業、住宅の混合地域として、旧市街との景観的連続性を保つために小規模な街区に分けた。B区は住宅を主とした地区で、街区割りは大きいものの、商業施設を一部にとどめ、全体的に静かな落ち着いた環境を企図している。また、両区西側にそれぞれ地下鉄黄浦路駅、頭道街駅があるが、ともに駅と東側の長江を広い緑地帯で結びつつ、両区内の街区割りにも活かしている（図10）。

現在この瑞安の開発地域全体を武漢天地といい、A区のうち、歴史

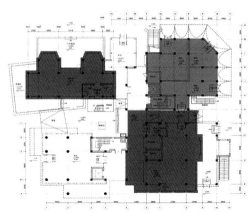

図11　歴史建築を含んだ複合建築平面図

建築が密集するエリアを中心に開発された「武漢天地A4商業歩行街」約3.3ha部分を武漢新天地という。瑞安はこれらの総合計画をアメリカのSkidmore, Owings & Merrill (SOM)を顧問として、武漢市と折衝しながらつくりあげていった。そしてその枠組みの中で、武漢新天地部分の設計は上海新天地と同じBenjamin T. Wood率いる設計事務所Studio Shanghaiに任された。

武漢新天地の空間

では武漢新天地の空間を具体的に見ていきたい。図12がその現状配置図である。まず、外側は旧街区構造を維持しながら、旧市街との景観上の連続性を確保している。一方で、

図12 武漢新天地現状配置図。内部は回遊式の歩道を形成している。茶色の建物は歴史建築を示す

主なアクセス経路には電光掲示板、オブジェ、樹木などの点景を設けて、外部から認識しやすくするとともに、その境界を強調している。そしてそこに店舗マップを配して利便性を高めると同時に武漢新天地というまとまった空間を認識させている。また、A地区内部における他との区分けは先の緑地帯によって行い、住環境の向上にも効果を発揮している。

新天地内部は、東西に長い回遊式の歩道を形成している。そのため、外側は既往の街区割りを維持していたが、内側は貫通していた「長春街」上に新たな建物を建てて街路を遮断し、中央を既存の街区より巨大な建築群に見立てている。そして北側を店舗エリア、南側を飲食エリアとし、所々に設けられた大小の広場が景観に変化を与え、人々の多様な活動を生み出している。また、地下には巨大な2層の駐車スペースがある。

建築は街区規模の複合建築を基本としている。それは歴史建築も例外ではない。図11の平面図を見てわかるように、4棟の建築を一つの複合建築にしているが、北西と南東の2棟は保存処理を施した歴史建築である。北東の建物は図13右側の建物にあたるが、一見すると歴史建築である。しかし、実際は異なる。本来そこに歴史建築があったものの、傷みが激しかったこともあり、一部材料を活用しながら、歴史建築の雰囲気に合わせて新しく建て替えたものである。南西の建物は新たに挿入した

新建築で、外観も歴史様式ではない（図14）。これら4棟の建物は構造上独立しているが、その間をつないで一つの複合建築としている。そして、歴史建築も内部の壁をできる限り取り払ってフレキシブルな利用に耐えるようにしている。

エリア内の緑もその多くは歴史的環境を受け継いだものであり、広場も一部街路を活用したものである。今見た歴史建築を含む複合建築の東にプラタナスが並ぶ広場があるが、これは街路とともに街路樹の保存を行ったものである。これによって歴史建築を眺める通景も確保し、互いに空間の質を高め合っているのである。また、図12配置図の北西隅にプラタナスが肩を寄せ合う三角形の広場があるが、これらの木々もエリア内各所にあったものを移植してきたものである。

その他、注目すべきものに半屋外の空間がある。飲食店を中心としたエリアに設けたものであるが、本章冒頭の写真（018頁）を見てわかるように、武漢という気候、文化に合ったにぎわいを演出している。それを実現させている装置は特に念入りにつくり込まれている。鉄の構造体、

図13　開発後の歴史建築（東面）

図14　歴史建築を含んだ複合建築南面

図15　開発前の歴史建築南面（図14右奥に一部見える建物と同一のもの）

ガラスと布、ワイヤーとそれに絡ませた人造植物と天然植物により雨と光と風をコントロールし、さらに電灯や空調でそれを補完、そしてそこに椅子、テーブル、テレビ、飲用水装置等を設置しているのである。武漢の気候は中国「四大火炉（かまど）」の一つに数えられるほど暑く、近年まで日が暮れると屋外で食事や睡眠をとることは珍しくなかった。当時の面影を伝えるこの歴史的街区で、その空間をさらに便利で快適なものとし、デザイン的にも洗練させた半屋外空間に更新しているのである。

ソフト面では冒頭で述べたように、多様かつ選別された店舗が入居しているが、注目すべきはエリア内を極めて清潔に保つ努力がなされていることであろう。中国の街中ではよく道路の清掃員を見かけるが、ここでは通路だけでなく机、椅子はもちろん店舗のガラスも清掃員によって綺麗に保たれている。そして、警備員が一日中目を光らせているが、その数が極めて多い。外周から内周の遊歩道へ至る道にはすべて警備員を配し、さらに小豆色の制服を着た職員も複数人見回っている。つまり、エリア環境維持のため、人を大量に動員し、衛生、治安を厳しくコントロールしているのである。

スクラップアンドビルドを超えて

これら実現された空間は、決して単独の主体によってつくりだされたものではない。瑞安が武漢市政府に提出した最初の案で、保存する予定の歴史建築は4棟ほどだった。武漢市政府は提出された計画案を検討するためにいくども計画審議会を開いた。その構成員は政府計画局、文化局、房地産局、及び専門家（武漢市優秀歴史建築保護委員会委員）、瑞安担当者などであった。会議で出された意見をまとめ、瑞安は計画を作成し直し、再び審議会にかける。また、会議のためにそれぞれ独自の調査や折衝を繰り返す。専門家は主に大学教員であるが、彼らは自らの調査、研究をもとに建築、樹木、街路など保存対象の拡大を求めた。これら一連の過程で現在の空間が実現されたのである。

中国でもスクラップアンドビルドは一般的に見られる開発の一つの手法であると同時に、批判の対象ともなるものである。それは完全悪ではなく、時と場合によっては必要な開発

手法であろう。それが唯一の手段のように見られた時期は過ぎ、一手法になっていると言える。そして、より快適な住環境を求めて現在も多様な模索が続いている。「新天地」開発モデルはその一つに位置づけられる。

「新天地」モデルにも多くの問題があろう。例えば優秀歴史建築に指定された3棟でさえ、その改変の度合いは大きく、実際にオーセンティシティに関する批判がなされている。特に指定を受けた歴史建築の改修方法については改善の余地が大いにある。一方で、街区から建築、小さな構造物に至るまで、異なる規模やレイヤーにすべて新しい要素を加えながらその文化的継承を目指す点は評価していいだろう。都市の歴史、文化、自然の継承方法の一つとして、瑞安の「新天地」開発モデルは今後も議論と改良を加えながら使用する価値があると思う。

さて、再び武漢新天地をとりまく武漢天地に目を移すと、超高層ビル、巨大なショッピングモールや学校まで含めた全体はまだ完成していない。これら開発エリア全体における武漢新天地の意義についても今後注意深く見ていく必要がある。巨大ショッピングモールができたときに容積率の低い新天地部分の真価が問われる、あるいは発揮されることになるかもしれない。

いずれにしても、武漢新天地は新たな店舗の誘致や施設の改修に余念がない。武漢という土地に香港の開発会社、アメリカの都市開発会社、アメリカから中国にわたった建築家、中央政府、地方政府、専門家、住民、それに日本を含む多国籍のテナント企業など、まさにグローバルな環境で、多様な主体が議論と経験を積み重ね、日々新たな空間をつくりだし、都市を更新しているのである。

主要参考文献
☆1　李百浩、薛春瑩、王西波、趙彬「図析武漢市近代城市規劃（1861~1949）」『城市規劃滙刊』同済大学、2002年6月、23-28頁。
☆2　沙永傑『中国城市的新天地：瑞安天地項目城市設計理念研究』中国建築工業出版社、2010年。
☆3　李江『中国内陸地域における都市と建築の近代化過程に関する研究』東京大学博士論文、1999年。
☆4　龔洪波『旧城混雑居住街区的更新方式研究：以武漢市永清片旧城為例』華中科技大学修士論文、2004年。
☆5　楊冕『城市更新中的歴史建築再生問題研究：以"武漢天地"為例』華中科技大学修士論文、2010年。

case 2

日本寺院跡地に刻まれた物語のリデザイン
西本願寺広場／台北・台湾

王惠君

　都市の発展に伴い、歴史的なつながりが次第に消えていくのは残念ながら避けられない。しかし台北市では長い時間をかけて、都市計画に関する検討や都市設計の推進により少しずつ変化が起こり始めている。

　現在、西門町と称される地域は、台北で最初に市街地を形成し発展した艋舺（現在の萬華）と、それに次いで発展した大稲埕と、清末に建設された台北城との間にあり、もともと冠水しやすい低地だった。日本の統治期に低地を埋め立て土手を築き、商業地区として開発され、それ以来数十年もの間、台北で最も繁華を極めた商業地区となっていた。台北で最初のコーヒーショップ、レストランや映画館はすべてここに誕生しており、豊かな歴史物語を秘めた地域と言える。

　しかし、2000年以降、台北市の東区が超高層ビル台北101の完成やデパートの進出などにより発展し集客力を高めたのに対して、老朽化が著しい西門町地区は衰退しつつあり、過去の繁栄は見る影もなくなっていた。この西区の凋落状況に対し、台北市政府は数年にわたり再開発を実施し、商店街の振興、歩道の改善など多方面に及ぶ事業を実施した結果、状況が好転し始めた。西門町は再び若い人たちが訪れるファッションの発信地となり、アイドルのサイン会、ドラマのロケが行われるようになったのである。

　このような歴史をもつ商業地域に、100年以上も前に西本願寺が建立された。西本願寺は台北城の西門を出

左上：鐘楼、樹心会館
左下：本堂の基壇を活用した文献会の事務所

台湾別院全景

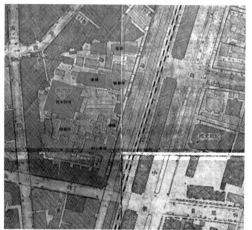
1934年の台湾別院配置図

てほど近い場所にあり、当時の総督府、つまり現在の総統府と向かい合って建つランドマークのような存在であった。しかし周辺の発展、戦後のさまざまな出来事を経て、この地は劇的な変化をなし遂げ、現在では文化財のある都市広場となった。広場では市民が散歩を楽しんだり、お茶を飲みに来たり、展示会を見に来たりしている。市民がそのように広場を楽しむ光景が今では当たり前なものになっているが、実現にたどり着くまで実にさまざまな課題に直面してきたのである。

西本願寺別院の建立

　西本願寺の正式名称は日本浄土真宗本願寺台湾別院である。布教使は1895年に日本軍と共に澎湖に進出し、翌年台北、台中、台南など各地で布教を始め、間もなく台湾各地に

布教所を設立した。

　台北の布教所は当初、北門外の至道宮を借りていたが、その後、西門外の新起街（現在の漢中街）に台北別院の建設用の土地を購入し、1901年に仮本堂、集会所、宿舎、納骨堂など木造平屋建てを完成させた。当時台北城の城壁はまだ撤去されておらず、出入り口は別院の西側にあった。

　しかし、1905年に公布された台北市区計画において、計画道路が別院の敷地を通ることになり、仮本堂は撤去を余儀なくされ、敷地の南側の土地を購入し、正式な本堂などの建設に当てることにした。

　さらに、台北城の城壁撤去後、敷地の東側が広い道路となるため、次の建築計画では出入り口を新起街側から現在の中華路側に変更することになった。実際の建設は1913年、第21世法主明如上人（大谷光尊）の分骨霊廟から始まった。もともと北投公園付近に土地を購入していたが、工事は未着手であった。その間、北投の土地価格が高騰したのでこれを売り、その費用で台北別院に霊廟を建設することにした。そして1922年、御廟所と樹心会館の工事が始まった。

　霊廟は御廟所と称され、奥の部屋には納骨堂から移した遺骨が納められており、1934年には遺骨の通し番号が3898番に達していた。御廟所は木造の日本式建築で、屋根は銅板葺き、軒は二重、屋根の上には九重の相輪が載っており、入り口は唐門で正式な本堂予定地の南側にあった。

　会館は当時の需要に応じて、講演会や葬儀などが執り行われる空間で、仮本堂が道路敷設のために解体されたとき、本堂の代用としての使用が検討されていた。明治35年（1902）に児玉源太郎総督から扁額「樹心仏地」が贈られ、それに因んで樹心会館と命名された。新時代の精神を表現するため、会館はレンガ造で洋小屋造りであった。入母屋の屋根は黒い瓦で葺かれ、入り口の門は唐門、柱は四角形と円形二つの造形の西洋式で、一種の和洋折衷様式と言えるものであった。

　大正12年（1923）、樹心会館の北側に、御廟所建築で余った材料を用いて鐘楼を建造した。鐘楼は高さ3ｍほどの盛り土の上に設けられ、上部は「和様」を主体とした木造、屋根は入母屋であった。

　翌年（1924）の初め、仮輪番所としても使われていた集会所の客室浴場か

違法建築撤去前の全景、2005年

違法建築の中の鐘楼、2005年

軽食堂となった元樹心会館、2005年

ら火災が発生し、集会所と内部にあった経典や扁額が焼けてしまった。新しく建てられた輪番所はその年に完成した和風建築だった。

引き続き行われた新本堂建設の計画に合わせて正式に台湾別院と改名され、台湾の各布教の拠点となった。昭和6（1931）年に新本堂が完成、昭和9（1934）年に庫裏、山門および参道が完成し、新しい寺院建設がついに完了した。現在残っている遺構は当時の伽藍配置を伝えるものである。

戦後の遍歴と都市再開発

1945年第二次世界大戦が終戦を迎え、日本人の引き揚げに伴い、西本願寺の用途に変更が生じた。まず、軍当局の家族が樹心会館に住むようになり、ほどなくして福建音楽専門学校校長の蔡継琨が創立した「台湾警備総司令部交響楽団」、つまり後の台湾省の交響楽団が移ってきて、1957年までここは楽団と合唱団の練習場となった。多くの有名な音楽家、例えば林秋錦、呂泉生、馬思聡たちがここで練習し、フルート演奏家の樊曼儂女史も家族と共に宿舎に住みここで練習していた。

一方、明朝末期に創立された理教

の幹部の一人、国民党少将の趙東書は1949年台湾へ来てすぐに信徒たちと積極的に宗教活動を始め、1950年に中華理教総会を復活させた。1954年に西本願寺の使用許可をとり、直ちに本堂で開壇し布教を始めた。しかし、1975年火災により本堂の木造部分が焼け落ち、鉄筋コンクリート造の基壇だけが残った。その後、基壇の上に簡単な事務所と仏堂を建て2005年まで使用した。ここはそれまで「理教公所」と呼ばれていた。

また、1949年中国から台湾へ渡ってくる人々の増加と共に、ここにも続々と移民が押し寄せ簡単な住居を建てて住み始めた。特に火災の後は新住民が増加し、台湾中南部からやって来た新移民たちも仮屋を建てた。

当初、敷地と周囲の土地は、都市計画で第四種商業地区に指定されていた。1996年からこの土地の公開入札がたびたび行われたが不調に終わっていた。2000年に地区の再開発および望ましい都市機能実現を促進するために、台北市都市計画再開発地域に指定された。しかし、敷地内の住民の移転問題のため依然として入札は進まなかった。2005年に現場の環境悪化により、住民のための公共施設と防災上の緩衝空間の必要性を理由として、ここを公共施設広場用地に変更することになった。

当時、境内には違法建築物がびっしりと建てられ、元の西本願寺の建築状況は完全に把握されていなかった。違法建築に対する手当と解体準備工事を行っている間に、元の西本願寺の建築物が火災で完全に焼け落ちていないこと、樹心会館、鐘楼、輪番所が違法建築群の中にまだ残されていたことが判明した。それを受け、歴史遺跡に関連する部分はすべて、一部人力による解体方式を採用することとなった。2005年7月28日、文化局の実地調査後、鐘楼、樹心会館を市定古蹟と指定し、輪番所、本堂の台座、参道などは歴史的建築として登録された。

実際の計画を実施するにはある程度の時間が必要なため、台北市政府は違法建築物を撤去した後に、応急的に緑化と整理を行った。そして、古蹟と遺跡の前に案内説明の立て札を設置した。また、広場の今後の設計方針を決定し、台北市都市発展局は2006年にデザインコンクールを実施、7月に広場を開放、元の住民たちの里帰り運動を行い、デザインコンク

火災後の樹心会館、2005年

応急緑化後の樹心会館、2006年

ールの結果も同時に展示した。

メディアが注目した出来事

　西本願寺の建築物の一部が違法建築物の中に埋もれて残っていたというニュースが報道されてから、人々の耳目を集めた風聞が二つ伝えられ、それがさらにメディアの関心を引き、連日新聞に掲載されることとなった。一つは、二・二八事件当時、西本願寺が政治犯を裁判した場所の一つとして記録されており、違法建築の住民が語る「本堂の高い基壇の内部にある暗い大きな空間に、遺骨が納められた『穴蔵』があるらしい」との風聞が多くの人々の関心の的となった。その後、それに相当する場所は獅子林ビルがある東本願寺だと判明することとなる。

　もう一つは、日本人が終戦の前に宝物をここに隠したという風聞だった。以前は違法建築がびっしりと建ち並んでいたので掘り返すわけにもいかず、違法建築物の撤去後、鉱業会社が宝物を掘り起こしたいと法律に従い申請を行った。この風聞は大きな騒動を引き起こし、さらに関心を高めた。

　さらに、この地が台湾交響楽団の

最初の練習場所だったこと、当時ここで練習をした多くの音楽家がその後、台湾音楽発展史上重要人物になったことは、多くの人々には想像もできないことであった。また、ここは有名な映画のロケ地だったことも明らかになった。

解体撤去前、ある記者はここの軽食堂を懐かしく思って来るお客さんがかなりの数に上ることに気がついたと言う。ここに住み着いた移民が生計をたてるために軽食堂を始めたのだが、数十年もの間切り盛りしてきた食堂も広場の建設と共に消え去る運命にあった。そこで、メディアはここの軽食堂と独特な料理を紹介し始めた。この興味をそそる報道はさらに多くの昔なじみや新しい客を呼び寄せた。

解体工事が進む中、ある夜火災が起き、ようやくきれいに整理された会館の建物が火災に遭ってしまった。西本願寺の植民地時代とその後の様々な空間的価値が認められ、市定古蹟に指定された後のことであった。調査の結果、放火とわかったが、犯人を挙げることができず、火災の後の建築を保存すべきか、あるいは古蹟の指定を解消すべきかどうか、再び議論が始まった。幸いなことに会館はレンガ造で、上部の木造の骨組みは完全には焼け落ちておらず、解体前の記録もあることから、修復にはなんら問題がないとされ、保存されることになった。

関心を寄せる人々、異なる意見

このような事件と物語はかなり特別なものであり、多くの人々に様々な昔の記憶を蘇らせ、多くのメディアが相次いでこの地を訪れ報道を繰り返した。メディアは多くの人々に体験話や意見を披露する機会を提供した。メディアに取り上げられた物語は、台北が経験してきた歴史と社会の変化の中で、まったく異なる分野、階層の人々がこの場所で出会い、ここでお互いに関わりをもった証しであり、西本願寺は単に歴史上に出現した仏寺ではなかった。

日本統治時代、この付近に住んでいたある女性は、西本願寺建築が発見された際にラジオ放送などで次のように述懐した。子供時代自宅近くの西本願寺で遊んだこと、時々お坊さんからお供えのお菓子をもらったこと、少女時代に日本人が経営する服装店で働いたこと、店の主人は敬

応急緑化後の本堂台基、2006年

虔な仏教徒であったため西本願寺で行われた家族の葬儀に出かけたこと、敗戦後日本人が引き揚げを待つ間、西本願寺の本堂に老人、弱者、女性、子供がしばらく身を寄せていたこと、などである。そして、彼女が本堂へ主人を訪ねて会いに行ったとき、白い布で包まれて仏壇の前に置かれたたくさんの日本人の骨壺を見たこと（これらは持ち帰ることができなかったものであろう）、当時樹心会館が開設していた樹心幼稚園に通っていた人が今でも当時の写真を持っていることなどにも言及した。

　木造の鐘楼が完全に焼け落ちていないことが判明した頃、人々はそこに掛けられていた釣鐘を思い出した。以前、あるバイク店に置いてあったが、バイク店が転売されて以降、釣鐘は行方不明になっていた。解体撤去工事中もやはり釣鐘は発見できなかった。日本人に買い戻されたなど様々な噂が立ち、人々が諦めかけたちょうどそのとき、近くの住民が釣鐘の持ち主を捜し当てた。釣鐘を買い戻し、市政府に寄贈して鐘楼に再び釣り下げたいという人も現れた。

　これらの人々にとっては、西本願寺の建築は彼らの思い出の一部であり再建された建築物を見ると過去の様々な出来事が回想されるのだった。

一方、台湾交響楽団団員はこの楽団発祥の地を回想し、当時の団員たちはすでに現役を退いていたが、現在の団員たちは再びこの広場で演奏したいと願い、応急緑化後の開幕式典で演奏することができた。

　「理教公所」は大火事の後、元の壮観な建築物を再建する力はもはやなかったが、広場に理教のお堂を再建したいと当時なおも強く望んでいて、市政府に自費修復構想の提出を試みていた。

　そこで生活していた中国大陸からの移民の中には、住み着いてから何十年にもなり、後で中国から家族を迎えて住む人々もいた。ここは貧しかったが、すでに第二の故郷になっていた。鐘楼なども住居につくり替えられ、すでに理教のお堂となっていた本堂の基壇内部もたくさんの部屋に仕切られていて、家は穴蔵のようだった。艱難を共にする精神は、性質がまったく異なる空間の共有を可能にした。その後、台湾中南部から続々と転入してくる人々にとっても、ここが台北の家となっていた。立ち退きに際し居住条件の良い国民住宅に引っ越すことになっても、ここが住み慣れた家でありその愛情は

樹心会館内部

鐘楼

変わらなかったのである。

　かつては200を超える世帯に800を超える人々が住んでいて、1人あたりの平均占有面積がわずか6平方メートルしかなく、公衆トイレを使わなければならない人々もいた。台北市の中心にこのような劣悪な所があったとは今では到底考えもつかないことである。この狭苦しい住居も

case 2　日本寺院跡地に刻まれた物語のリデザイン

輪番所

立ち退き後にはあらかたきれいさっぱりと整理された。

　元のレンガ造の樹心会館内部は上下に区切って2層にし、江浙料理屋と饅頭（マントー、中国式蒸しパン）屋になった。レンガ塀に沿って料理を運ぶ昇降機まで設置されていた。輪番所にも熗鍋麺（一種の中国北方の麺）と水煎包（焼き肉まん）の店があった。ここは地の利が良く、また独特な料理があったので以前は商売が繁盛していた。その後付近に店を構え引き続き商売する店もあったが、これを契機に商売を止める店もあり、当時の料理が伝承されなくなる可能性もあった。

　一方、ここが広場になることに失望する人々もいた。もし商業ビルを建設すれば周辺の地価も上がり、ここにビジネスチャンスが改めて到来することを期待する人々である。また、ここに駐車場をつくれば市街地の駐車難が解決されると主張する人々、植民地時代の建築物が文化遺産に指定されることに反対する依然として反日感情を抱き続ける人々もいた。

結語

　工事の完成後、現存する本堂基壇

内部は文献会事務所となった。古い建物や家屋活性化プロジェクトにより、輪番所は修復後、「八拾捌茶レストラン」として生まれかわり、樹心会館は展示と活動の場所となった。鐘楼は緑化された小高い盛り土の上に高く聳え立ち、周辺のランドマークとなった。釣鐘はすでに捜し出されていたが、安全を考慮してレプリカの釣鐘が掛けられている。火災で焼け落ちた御廟所の下に安置されている遺骨の穴蔵はまだ掘り起こされておらず、上部に保護板が置かれた。各建築物周辺は緑地化され、昼夜を問わず人々が訪れる都会の中の魅力ある広場となった。

　この仏寺は植民地時代、日本人により建立されたものだが、仏教自体は中国からの移民であれ、台湾人であれ身近で親しみを感じる存在である。理教のお堂として使用している間も、その後も市民たちが釣鐘を寄付し鐘楼に掛けようとしていた。このことからも、西本願寺は依然として人々に認められた宗教的建築であることが理解できる。同時に周囲の人々にしてみれば、ここは過去の生活空間と思い出の一部分なのだ。

　その後、宗教的建築は移民が身を寄せる所となってしまった。もともともっていた機能と空間は無視され、交響楽団が使用するなどの利用がなされていた。その他の建築は200戸を超える住居に改造され、通りに沿った所は店となった。

　このような地区に対しては、劣悪な条件を取り除くスクラップアンドビルドを導入するのが一般的だ。今回、単に建築美観の観点からだけではなく、多元的な文化の共存と都市の入り組んだ様相を保存するという視点から、過去の建築を保存することができたのは非常に困難ではあったが、貴重な経験だった。

　これは様々な人々が関心を寄せる魅力的な物語があり、人々の思い出や感情を呼び起こすような報道があったからこそ、歴史的建築と広場が共存する機会が生まれ、広場に歴史の奥深さを具現化することができたのだと言える。多元化した文化の保存のあり方に対して、同時に都市近代化の重圧に直面しているその他の地区に対して、この再開発の事例は参考に値する経験を提供することができるはずである。

case 3
昭和レトロなまちなみの継承
六角橋商店街／横浜・日本

山家京子

六角橋商店街

　横浜市・神奈川区の六角橋商店街は、東急東横線白楽駅から上麻生道路に向かう全長約300mの商店街である。旧綱島街道に沿った「ふれあいのまち通り」と路地状の「ふれあい通り」の2本の通りが平行する構成と、六角橋交差点に向かう緩やかな傾斜が空間の骨格を形成している。「ふれあいのまち通り」は旧綱島街道に沿っており、自動車、歩行者とも交通量が多い。ドラッグストアや飲食店などチェーン展開している店舗や、パチンコ店、上部を集合住宅とする中層建築物なども立地する。一方、「ふれあい通り」は通称「仲見世通り」と呼ばれ（以降、本章では「仲見世通り」を使用）、幅員1.8m全長250mの路地にアーケードが架かっている。

戦後のヤミ市を起源とする昭和レトロなまちなみを特徴とし、生鮮食品や衣料・日用品など住民の日常を支えるローカルな店舗により構成される。近年、昭和レトロのまちなみに惹かれた若いオーナーがおしゃれな店舗を出店するケースも増えている。

　六角橋商店街はその独特な様相だけでなく、毎月第三土曜日夜に開催される「ドッキリヤミ市場」に人気があり、メディアに取り上げられる機会も多い。「ドッキリヤミ市場」は出店の食べ歩きだけでなく、フリーマーケットやライブもあり、アジア的「夜市」のにぎわいと風情が楽しめる。

　神奈川大学は白楽駅を最寄り駅としており、授業のある期間には多くの神大生が行き来する。さらに、「ドッキリヤミ市場」に全学学生サーク

左：六角橋商店街仲見世通り

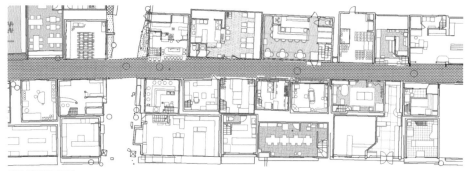

仲見世通り平面図

ル「神大フェスタ実行委員会」や建築学科サークル「つくけん」が協働するなど、神奈川大学と縁の深い商店街である。

六角橋商店街の成り立ち

六角橋商店街・仲見世通りは、戦時中に空襲による類焼防止を目的とした防火用空地につくられた、戦後バラックのヤミ市を起源とする。

戦時中の1944年、市から防火用空地に指定され、建物が強制撤去された。1948年頃、当時親分と呼ばれていたT氏が中心となり、この空地に主に平屋建てのバラックを建て並べたとされる。旧綱島街道沿いに棟割長屋様に背中合わせに2列、仲見世通りを挟んでさらに1列ある。それらはそれぞれ間口2間で、綱島街道沿いの2列は1間半、仲見世通りを挟んだ1列は2間の奥行きであった。店舗は原則4軒ひとつながりで隣りと柱を共有した造りであった。

まちづくりルールとプランの認定

このように70年の歴史をもち今もにぎわいのある商店街だが、課題もあった。仲見世通りの店舗は木造がほとんどで、火災に弱い。近年数回発生した火災や老朽化のため改築・改装を迫られているにもかかわらず、建築基準法上の接道条件を満たしていないために、店舗の建て替えが困難となっていた。この状況を解決するべく、横浜市と協議の上、地域まちづくりルール及びプランを策定し、通りを拡幅し耐火性能を高めた上で、道路（3項）認定がなされることとなった。

横浜市では地域まちづくり推進条

例を定め、市民と市が協働して行うまちづくりを進めている。地域まちづくりプランと地域まちづくりルールはこの条例に基づく制度で、地域まちづくりプランは「地域の目標・方針やものづくり・自主活動など課題解決に向けた取組み」を、地域まちづくりルールは「地域まちづくりに関して守るべきことを定めたルール」をそれぞれ市長が認定するものである。

六角橋商店街では、まちなみの基礎調査と定例会及びワークショップにおける数十回におよぶ議論を経て、2014年4月に「六角橋商店街地区まちづくりルール」(地域まちづくりルール)、2015年5月に「六角橋商店街地区安心・安全なまちの環境整備計画」(地域まちづくりプラン)が認定された。まちづくりの目標として、「人と人とのふれあいのまち 人に優しいユニバーサルなまちづくり」「安心安全なまち 自助・共助のできる安心安全なまちづくり」「次世代へと受け継がれるまち 昔なつかしいまちなみ保全と賑わいづくり」を定めている。また、ルールでは、仲見世通りに幅員2.7mの整備敷を定め、道路状に整備されることを基準としている。さらに、建物の用途・規模・構造の他、消防上有効な通り抜け通路の整備、安心・安全に滞在できる設え、連続したにぎわいのあるまちなみの保全が推奨されている。

まちなみの現状と課題

まちづくりルールの認定により、仲見世通りに面する店舗の壁面を後退させ幅員を確保し、アーケード及び個々の店舗の耐火性能を高めることにより、店舗の更新に向けて一歩前進することとなった。これまで、昭和レトロなまちなみが残ってきたのは、よくも悪くも接道条件がとれず、店舗の建て替えが困難だったことによる。更新が可能となり、これまでのようなまちなみが維持される保証はなくなったと言える。

プランに「昔なつかしいまちなみ保全」を目標と掲げ、ルールにも「連続した賑わいのあるまちなみ」の項がある。しかし、その項には1階の通りに面する開口部についての言及(すなわち閉鎖的な店構えとしない)はあるが、外壁の色彩や広告物等については「六角橋商店街地区の景観と調和したものであること」と記述されているのみである。ルールの実際

の運用は商店街連合会役員と専門家であるまちづくりコーディネーターからなる審査委員会に委ねられるが、○×で判断できる明確な基準があるわけではない。そもそも商売優先の事情もあり、結果的に拒否される意匠はそう多くないだろう。

「昭和レトロ」な意匠は、明らかに六角橋商店街のブランディングにとってユニークかつ重要なポイントであり、それは商店街連合会メンバーも共有している。しかし、現在の仕組みでまちなみが思うように継承される保証はない。

また、「昭和レトロ」はある世代以上にとってイメージしやすい意匠なのだが、今の学生をはじめ若い世代にはピンとこないようである。たとえ「イメージしやすい意匠」であっても、具体的にどの建築要素をどのようにすれば「昭和レトロ」となるのか、よくわからないところである。そもそも、学術的価値の高い伝統的建造物群保存地区であっても意匠の定義はそう簡単ではない。ましてや、B級意匠である。

レトロモデル作法集

このように、学術的価値が必ずしも高いわけではないが、明らかに独特の雰囲気をもつ商店街を、緩やかに継承していくにはどうしたらよいか。少なくとも博物館的に保存すべく厳しいルールを課すのではないだろう。また、まちなみが今すぐに壊れてしまう心配はない。古くからの店主はもちろんのこと、新しく出店した店主たちもみな「昭和レトロ」な雰囲気が気に入っている人たちばかりだ。それならば、これから出店する店主やその設計者にもその空間的「よさ」を共有できる方法はないか。「よさ」が共有できれば、それぞれが「よさ」を理解し解釈しながら新しい店舗をデザインしてくれるのではないか。そんなことから、ルールに記載された「連続した賑わいのあるまちなみ」を補完するツールとして、「レトロモデル作法集」を作成することとなった。

内容は、「六角橋商店街の魅力」「六角橋商店街のまちなみ」「六角橋商店街魅力発見マップ」の3部構成に、六角橋商店街地区まちづくりルールが巻末資料として付されている。

「六角橋商店街の魅力」は、学生が考えた商店街のよさを絵本形式で表したもので、「人の近さ、ドッキリヤ

レトロモデル作法集:表紙

レトロモデル作法集:六角橋商店街の魅力

case3　昭和レトロなまちなみの継承　047

■ 安心・安全

＊消防活動上有効な通り抜け通路

消防活動の際に有効な通り抜け通路の場所を示した地図です。現在通り抜けできる通路と、整備が必要な通り抜け通路があり、どちらも安全対策のために維持することが重要です。

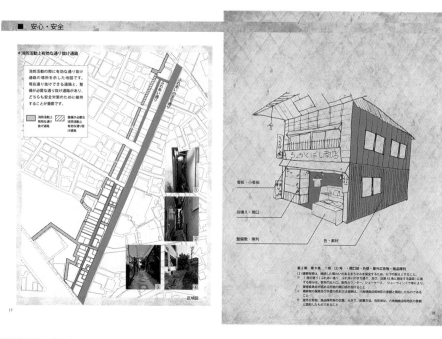

第2章 第9条 1項 (2)号－開口部・外壁・屋外広告物・商品陳列

(2)建築物等は、連続した賑わいのあるまちなみを保全するために、以下の様えとすること。
ア　1階の通り(ふれあい通り、ふれあいのかみ通り)で、法第42条に指定する店舗への、店舗の出入口、販売カウンター、ショーケース、ショーウィンドウ等により、来客者自身が訪れる所性の関口部を設けること。
イ　建築物の屋根及び外壁の形状は連続感のあるまちなみを継承したものであること。
ウ　屋外広告物、商品陳列等の位置、大きさ、設置方法、色彩等は、六角橋商店街地区の景観と調和したものであること

■ 通り沿いの開口部

第2章 第9条 1項 (2)号 (ア) 1階の通りに面する部分

□ 開口部は店の顔

六角橋商店街にはいろいろなタイプの店舗の開口部があります。
それぞれの店舗では、通りに対するさまざまな工夫がなされています。
たとえば、壁をもたず店頭を陳列したり、ガラスの開口部から商品の様子や商品を見せることで、各店舗の個性を伝えようと工夫をしています。このような開口部がつらなることで、商店街全体の雰囲気は明るくいきいきしたものになっています。

【ポイント】

＊プロポーション

ふれあい通りでは、開口部を基本とし、高さ2～3メートルで外壁が切り替わる店舗が多く見られ、このプロポーションが六角橋商店街の空間的特徴となっています。

＊店舗の連なり

各店舗が特有のプロポーションをもつことによって、ふれあい通りに連なりが生まれています。この連なりを維持していくために、1階店舗部分のプロポーションを守っていきましょう。

＊開口の高さ

連続立面が示すように、外壁が切り替わる部分は、ある一定の高さが保たれていることがわかります。その高さは現在2～3メートルで、切り替わり部分には主に看板やシャッターボックスが利用されています。

＊アーケード

また、ふれあい通りのプロポーションを構成する重要な要素としてアーケードがあります。木材、テント、鉄骨など4種類のアーケードによって構成されています。

テント構造のアーケード　　鉄骨造のアーケード　　木材トラスのアーケード

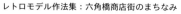

レトロモデル作法集：六角橋商店街のまちなみ

ミ市場、なんでもそろう、昭和レトロ、つらなり、大きくひらく、店先のにぎわい、店と店の間のすきま、すまいのおもかげ、アーケード」がキーワードである。

「六角橋商店街のまちなみ」は六角橋商店街地区まちづくりルールの第2章「ルール」第9条「建築物等に関する基準」を補足説明するものとなっている。「安心・安全、通り沿いの開口部、外壁の色彩、外壁の素材、商品陳列、看板」について説明し、現状の理解を促すとともに推奨例を「工夫」として示している。ルールに記載がないものの、まちなみの継承には重要と思われる空間的特徴を「ポイント」、歴史の名残など商店街をより知るためのトピックを「閑話休題」として載せている。「ポイント」では店舗建築のプロポーションに注目し、水平方向ではかつて2間であった間口、垂直方向では1、2階の分節が商店街の空間的特徴であることを解説している。「六角橋商店街魅力発見マップ」はまち歩きの疑似体験をイメージしており、まさに空間的「よさ」の共有を意図したものである。気持ちとしては、新規出店者が出るたびに店主と設計者を交えたまち歩きを実施し、空間的よさを共有したい。だが、実際にはそうもいかないのでせめて紙上での体験を、との思いを込めたつもりである。

モデル店舗

「連続した賑わいのあるまちなみ」の実現を目的に、ルールやレトロモデル作法集をより具体化して伝えることを意図して、設計事務所と共同でモデル店舗の設計を行った。仲見世に面する45m^{2}ほどの敷地に、多様な業種に対応可能な2階建ての店舗である。ルールに明記される1.35mのセットバックの他、レトロモデル作法集に対応する「昭和レトロ」な意匠の具体化が大きなテーマである。また、ルール及び作法集に記載はないが、デザイン的提案として、(消防活動上有効な)避難のための通り抜け通路と位置づけられる裏道に対して視線の抜けをつくり、奥行きを感じさせるデザインを意図した。また、プロポーションについては間口は当初より2間、垂直方向については1、2階で分節するファサードとしている。

当初、研究室学生により、2層分を豊かに使う「吹抜け案」、多くの店舗が倉庫等に使用する2階に客を導き

case 3 昭和レトロなまちなみの継承 049

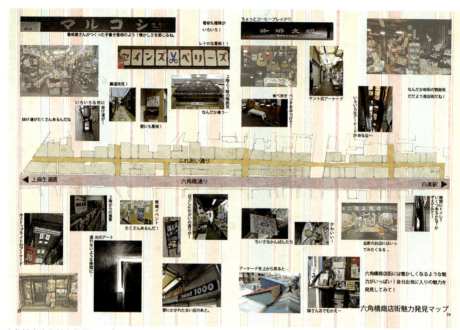

六角橋商店街魅力発見マップ

入れる「2階案」、段差を有効に使った「スキップフロア案」が提案され、クライアントの意向を踏まえ「吹抜け案」を現実化することとなった。

また、クライアントが学生の積極的な参加に好意的で、「昭和レトロ」な意匠をもったファサードの一部を学生たちが設計・施工することとなった。オフホワイトの塗装を基調とし、アクセントとして両袖にモザイクタイルを使用した。モザイクタイルは六角橋商店街では見られないが、「昭和レトロ」を感じさせる素材である。タイルは商店街の色彩調査から得られた現状の色彩を基調としている。

六角橋商店街まちなみ環境整備

2015年度、まちなみ環境整備事業が実施された。整備事業の実施にあたり、大小アーチ、街路灯のデザインを神奈川大学建築学科及び建築学専攻で総合的CIを含むデザインプロポーザルコンペを行った。商店街連合会のみなさんの総意により選ばれたデザイン案「優しく彩るアーチ」が実現することとなった。

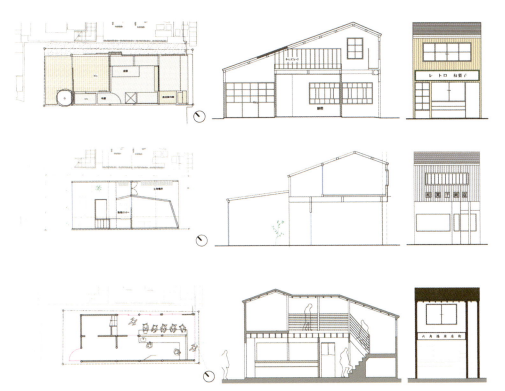

モデル店舗計画図

学生の提案をもとに
実現したアーチ

case 3　昭和レトロなまちなみの継承

モデル店舗作業風景

　商店街のシンボルマークは「昭和レトロ」をイメージとし、漢字の「六」と「六角形」「仲見世の木造アーケード」をモチーフとしてデザインされた。五つの色は4商店会の色と全体の共通色を表し、白い「六」の文字は仲見世通りと店舗の隙間を表現するものとなっている。

　アーチはアーケードの形状に、昭和レトロな雰囲気を醸し出すステンドグラス状のデザインを施し、同じく昭和レトロなフォントの文字で「六角橋商店街」と記されている。大小のアーチは、ふれあいのみち通り（大通り）に対して、ランダムに少し角度を振っており、それがアーチ単体ではなく通り全体を構成する空間デザインの意図を感じさせるものとなっている。街灯は、六角形を基本とする多面体で構成された二つの照明器具からなり、その照明器具には商店街のみなさんのアイディアにより異なる電球の色が使用されていて、楽しげな雰囲気をうまくつくり出している。アーチ上部にはシンボルマークが組み込まれデザインされた。

　これらは2016年3月に完成し、「昭和レトロ」を具現化した街の顔として商店街に彩りを添えている。

ドッキリヤミ市場でのライブ

まちなみの継承に向けて

　現在の六角橋商店街は活気もあり、防火・防災面に課題を抱えながらも、良好な状態と言える。「ドッキリヤミ市場」のような目玉となるイベントもあり、日常的に店先で近所のなじみ客と店主が話し込む姿も見かけられる。しかし、将来、店主と客ともに世代が変わるとその関係にも変化が生じるかもしれない。一方、ブランド力があることから賃料は上がり気味でジェントリフィケーションを心配する声もある。そのような状況を見据えて、しなやかかつ骨太なフレームをつくっておく必要があるだろう。

　「昭和レトロ」な意匠は明確な作法があるわけではなく、決定的かつ唯一の方法などというものは存在しない。空間的特徴の共有と実践の積み重ねが「昭和レトロ」の示し方ではないかと考えている。

参考文献
津田良樹、杉江知樹、山家京子、鄭一止「横浜市六角橋商店街仲見世通りの成立と空間変容」『歴史と民族』神奈川大学日本常民文化研究所論集32、平凡社、2016年2月。

case 4

ハイブリッド都市における歴史街区の再生
中華バロック歴史街区／ハルビン・中国

余洋、王馨笛 ［監訳：楊惠亘、山家京子］

「中華バロック」歴史街の成り立ち

ハルビン市は中国の北部を流れる松花江のそばに位置しており、黒竜江省の省会（中心都市）であり、100年あまりの歴史をもつ都市である。先住民は以前の遊牧生活から定住生活に移行し、集落空間は川沿いの漁村から今の近代的な都市にまで発展した。20世紀の初頭、ロシアへとつながる中東鉄道は、民と異文化をハルビンにもたらすとともに、中国近代における最大規模の北上移民ブームを発生させていた。都市に住む主体の変化は、ハルビンの都市発展を促進した。都市街区と建築に反映された多文化こそハルビンのスタイルである。

中東鉄道のエントランスとなっている都市から、線路によって、ハルビンは全く違う二つの町に分けられた。道裏区（鉄道より内側）は主にヨーロッパや日本から中国へ移住してきた外国人の居住区である。道外区（鉄道より外側）は主に小さい工房を持つ者、手工業者と労働者の居住区となっている。したがって、道外区では当時のヨーロッパなどにおける主流文化の影響を受け、中華と西洋文化が融合し始めた。同じ空間の中に、ロシアと日本建築、アールヌーヴォー街区と中華バロック建築が共存している。「中華バロック」とは、中国の伝統建築とヨーロッパのバロック式建築を土台とする近代における折衷主義建築スタイルである。建築形態及び細部の装飾にこだわるとともに、全体の配置及び設計理念において中国伝統建築の思想を取り入れ

左上：中華バロック街区の入り口
左下：中華バロック街区の歩行者ストリート

図1　「中華バロック」歴史街区が最も栄えた時期の様子

図2　残された建物の壁面が破損していた様子

ている。中国建築の組み物、手すりと西洋建築の柱、妻壁などが組み込まれている。装飾には植物や花が取り入れられ、それらは「吉祥富貴（幸運と富）」を表すとともに、自由と幸せの願いという意味も併せもつ。

　道外区の「中華バロック」街区は、多文化の都市の中でも最も特色と風格があり、最も整った都市街区である。そして、最も規模が大きい、完全なる「中華バロック」の歴史街区でもある。

「中華バロック」歴史街区の衰退と復興

　20世紀末、急速な都市発展の背景のもとに、当時残されていた中華バロック建築は個人が建てた違法建築に囲まれ、建物の機能及び形式も時代遅れと化していた。建物内部は荒れ、外壁はボロボロとなり、長年にわたり放置され、修繕していなかった窓や扉など建具もひどい状態のまま放置されていた。長い間維持修繕工事が行われなかった影響で、レンガ造や木造の建物の骨組みはすでに脆くなっており、壁に隙間ができている場所や、部分的に崩壊した場所もあった（図2）。一部の建物はかな

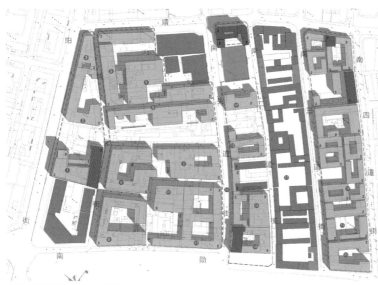

①受付
②③商業（テナント未定）
④映画館
⑤遊園地
⑥小劇場、ホテル、茶楼、化粧室など
⑦⑧⑩バー、カラオケ、ゲームセンター、ネットカフェ、ファッションショップなど
⑨⑪未定
⑫民俗博物館
⑬⑭の南頭道街側は特色グルメの一条街。伝統区、奇妙区、特色区などに分ける
⑬⑮⑯の二道街側は民俗旅行文化展覧区
⑰⑱⑲⑳ハイグレード四合院建築

図3　街区計画マスタープラン

りひどい状態になっており、すでに人は住んでいなかった（図4）。都市の発展とともに、これらの建物の機能及び商業価値は徐々になくなっていった。この古い街区の建物は常に撤去されるリスクに直面しており、この街区に対する保護も十分に行われていなかった。

図4　無許可で建てられた違法建築

都市が急速に発展することによって、どこの都市も同じような風景となってきたため、歴史街区の保全及び再生が人々の関心を集めるようになった。都市のルーツを追求し都市の歴史を表現することは、歴史街区における新たなサービス機能である。

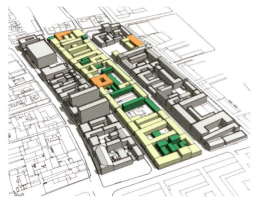

図5　修繕前の違法建築区域

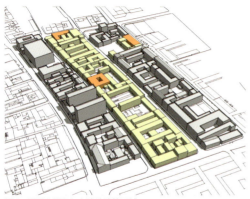

図6　周囲と調和した違法建築区域

図7　建築改修前の現状

上海新天地の歴史街区及び成都の寛窄巷子の歴史街区における再生が成功したことで、人々は今、地域の特色をもつ歴史的旧市街への自信と期待の思いに満ちている。こうした背景のもとで、行政がハルビンの歴史的景観を改めて見直し、歴史街区の改築、再生及び保全の観点から、「中華バロック」街区に力を入れることとなった。

街区再生のガイドライン

2007年初頭、ハルビン市役所は道外「中華バロック」街区において、3期に分かれた改造計画を提示し、歴史保全、都市景観及び都市観光などに注力する姿勢を見せた。2012年までに第1期と第2期の建設工事が完了し、第3期の建設も地下鉄の建設と共に進行中である（図3）。街区再生及び改造のガイドラインは次のとおりである。

第一の原則は「地域の状況に合わせる」というものである。現状をしっかり読み取り、「全体を制御し、重点的に保護、統一をすることで調和を図る」という戦略を立てている。そして、建築の元の外観を保全し、大幅な増築及び新築を行わない。着

工時、歴史建築及び街区における保護対象及び範囲を確定させるため、200カ所あまりの伝統的住居と100あまりの重点建築に対し調査が行われた（表1）。

　第二の原則は「オーセンティシティ」である。歴史的事実を完全に復元し、文化の視点から歴史的なオリジナリティを再び表現できるようにする。建築群、胡同（路地）、大院（伝統的な一戸建て）及び街区などの物理的資源を復元するだけではなく、伝統的民俗文化、飲食文化などの非物理的な資源も復活させるため、家族企業、伝統工芸及び工商の老舗も重点的な復元対象として挙げられた。

　第三の原則は「持続可能性」である。歴史街区の再生は都市の歴史を継続するだけではなく、現代の需要も満たすものでなければならない。保全と開発の有機的な融合は、持続可能な発展には不可欠である。

　これらの原則を基に、この歴史街区の再生改造は「建築の修復」「文化の伝承」「産業の振興」及び「交通の改善」の四つの方面で展開された。

「中華バロック」歴史街区の活用政策

　建築修復及び改修の面において、1

図8　建築改修後の様子

期工事及び2期工事ではそれぞれ撤去及び建設の作業が進められた。1期工事では、個人によって建てられた小屋や危険な建物が撤去され、元の建物が修繕されている。一部の建物では住居と商店が一体となった四合院として復元された。ビルの間にある四合院建造物群を保存し、生活を改善するために公共施設の配置など街区全体の配置を整えた。公共施設の配置に着目し、建物と建物の間にある中庭を保存した（図5、6）。2期工事では、ある一部のレンガ造の古い建物について、道に面している壁面のみを残し、内部の木造の階段や床板を撤去して、間取りの調整をしたり、空間の構成を練り直したりした（図7、8）。統計によると、全棟撤去となった建物は三つあり、すべて

名称	分類	構造	スタイル	年代
農業銀行	1	煉瓦コンクリート	折衷主義	1928年
純化医院	2	煉瓦コンクリート	中華バロック	1920年
酒店用品商店	2	煉瓦コンクリート	中華バロック	1921年
新一代メガネ	2	煉瓦コンクリート	中華バロック	1930年
人民同代薬店	2	煉瓦コンクリート	折衷主義	1921年
省水利招待所	2	煉瓦木造	中華バロック	1920年
第八医院	3	煉瓦木造	中華バロック	1935年
靖宇典当（質屋）	3	煉瓦コンクリート	中華バロック	1921年
老蚌豊	3	煉瓦木造	中華バロック	1915年
興大興スーパーマーケット	3	煉瓦木造	折衷主義	1903年
婦人科治療クリニック	3	煉瓦木造	中華バロック	1921年

表1　保護した建物の一覧表（出典：インターネット）

空間分区	コンテンツ項目
伝統手工芸展	靴造り，泥彫刻，版画，ペーパーカット，サテンの製織
特色劇場	中国伝統劇，地方伝統劇，西洋現代ミュージカル
茶屋	茶道歴史，茶芸伝授
博物館	関東印跡展示館，地方芸術展示館
文化展示	古物字画一条街，アンティークのオークション，質屋

表2　文化活動空間及びコンテンツの一覧表

産業類型	産業項目
特色ショッピング	東北特産一条街，お土産街，特色漢方薬店
特色グルメ	北三清真，南三熏醤，六道街扒肉，張包鋪
小売商売	旧陽商店，時計屋

表3　産業類型一覧表

の窓や扉、屋根、内部構造及び院内構造が撤去された建物は四つであった。部分的に窓や扉、内部構造や構造パーツが撤去された建物は五つであった。建築の装飾について、「中華バロック」の模様がことさらに強調された。ぼやけてしまった壁面には、新たな模様が彫刻され、吉祥富貴（幸運と富）を意味する「福禄寿喜」の代表的な動物の模様が使われた。

文化伝承の面では、デザインのスタッフたちは、旧道外における無形文化遺産を探り続けていた。伝統的な靴造り、粘土彫刻、版画、ペーパーカット、サテンの製織などの伝統手工芸の製作、陳列、販売の流れを再現展示した（図11、12）。伝統芸術を展示する街をつくりだし、地方の文化の伝播を促進した（表2）。

産業について、特色がある商品や飲食物の販売、及び小売商売を中心とする計画が立てられた（表3）。旅

行者を対象とした地域の特産品を扱うショッピングストリートを、街区の中に設置した。地元の住民及び外来の観光客のために、街区の中に特色のある伝統的な漢方薬の店（例えば、春和堂、世一堂など）を相次いで開業させた。ハルビンのご当地グルメと現代グルメの文化を融合させ、魚市胡同、松光胡同と張包舗胡同の三つの路地に小吃街（美食街区）をつくりあげた。小売商売においては、小さな間取りを保存した伝統市場をメインのショッピングストリートに沿って配置した。

交通システムでは、歩行者専用道路の導入により新しい道路システムを構築している。車道と歩道の分離、交通管制、駐車場の増築などにより交通システムの調整及び改善が行われた。それと同時に「三横、六縦」の街区道路ネットワークシステムが構築され、歩行空間と都市空間が自然に整理整頓され統合されることとなった。歩行街区については、修繕後の胡同、四合院を組み合わせた「一横二縦」の歩行システムのフレームが構築され、街区における中洋融合のコア地区とした（図9、10）。

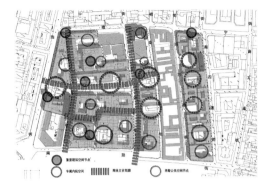

図9　空間構造分析図

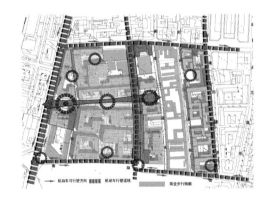

図10　交通分析図

再生後の評価について

街区の再生及び改造ののち、文化産業及び商業運営などの面から大きな違いが表れてきた。文化産業は急速に発展し、都市の文化的特色が増し、民間の芸術活動も徐々に動き出し始めた。地元の民間芸術家たちは頻繁に街区に集まるようになり、若い芸術家もここで個展を開くようになった。クロストークや伝統劇など

図11 新たに建てられた茶芸館

図12 アンティーク調の彫刻作品

図13　新しい街区が完成した後の様子

図14　古い街区が完成した後の様子

case 4　ハイブリッド都市における歴史街区の再生

図15　改造が完成した中華バロック街区の様子

図16　改造が完成した中華バロック街区の様子

の地方の芸術団体もこの街区に入り、劇場を立て続けにオープンさせ、周りのコミュニティと観光客にエンターテインメントを提供するようになった。

　一方、商業運営については修繕後、土地の価格が上昇したため小売商売の運営コストも増加してしまった。その結果、大部分の商業空間は未だに放置されたままの状態となっている。そして、以前の住商混合が失われたため、街区における屋外の商業活動が乏しくなり、活気のない街区となってしまった。出資額を回収する圧力の下で、過度な商業的雰囲気と新築のようなファサードが、この場所にわざとらしく古い雰囲気をつくりだしているようにも感じられる。観光スポットと同様の運営方式により、商業と生活が共存する古い街区の雰囲気からかけ離れてしまったのである。

真の歴史街区をつくりあげるために必要なこと

　「中華バロック」街区は歴史建築の修復、文化産業の取り入れと交通システムの整理という三つの方向に着目して、計画が進められてきた。保全範囲を明確にさせること、空間構成を保存すること、及び土地利用の整理などの具体的な建築施策を通して、歴史街区の持続可能な発展が実証されるに至った。歴史街区の再生及び改造は、都市の発展において必然的に通る道であり、都市の記憶を残すための重要な手段である。建設過程の中に、本当の都市生活が構築されなければならない。古い様式を取り入れた新しい建築が、歴史街区の味を薄めてしまうことを避けなければならない。商業開発と歴史保全の間のバランスをうまく保たなければならない。これらはすべて、都市に真の歴史街区をつくりあげるために必要なことなのである。

参考文献
☆1　陆明・吴松涛・郭恩章、传统风貌保护区复兴实践——以哈尔滨道外区传统风貌区控制性详细规划为例、城市规划、2005年。
☆2　王岩・陆彤、哈尔滨道外近代建筑的形态表征、低温建筑技术、2007年。
☆3　万宁・潘玮・吕海蓉、哈尔滨中华巴洛克历史街区保护与更新研究、城市规划、2011年。
☆4　朱莹・张向宁、怀旧的现代性——哈尔滨？道外中华巴洛克历史街区更新思考、城市建筑、2012年。
☆5　王岩・刘大平・陆彤、哈尔滨"中华巴洛克"建筑质疑、华中建筑、2006年。

case 5

負のイメージを転換するエリアマネジメント
黄金町／横浜・日本

上野正也

黄金町地区とは

　黄金町地区とは、横浜市中区の初音町・黄金町・日ノ出町を総称したもので、行政的もしくは地域としての呼び名は「初黄・日ノ出町地区」と3町をまとめて呼ぶことが多い。京浜急行の日ノ出町駅から黄金町駅までのひと駅区間で、距離にして1キロに満たないこのエリアは、多数の違法風俗店舗が建ち並ぶ「売買春の街」としてその名を知られている。また、黒澤明監督の映画『天国と地獄』では、実際にロケは行われなかったものの、当時の当該地区の状況がセットによって再現されていた。

　戦後、当該地区を貫流する大岡川の対岸（末吉町・若葉町・伊勢佐木町等）が進駐軍に接収され、そこで問屋業を営んでいたひとが多くこの地に移り住み、問屋街が形成された。一方、京浜急行の高架下にはバラックが建ち並び、また、大岡川には船が係留され、水上で生活されていた人も多くいたという。時を同じくして、隣接する野毛地区では、露天商が集まってマーケットが設置され、物販から飲食まで幅広く商売が行われていたほか、職業安定所も立地し、労働者が多く集まる場所となっていた。

　そういった隣接地区の活況から当該地区では、高架下を中心に、労働者や進駐軍を相手に商売をする売春宿が建ち並んでいた。その後は、「黄金町」という特異な地名とともに、売買春や麻薬の街として広く世間に認識されていくこととなる。当時は、黄金町出身ということで、縁談を断られるケースもあったと言われてお

左：志村信裕《赤い靴》

初黄・日ノ出町地区のマップ

り、出自を否定的要素として捉えられる経験をしている住民も少なくない。

　状況が大きく変化したのは、京浜急行電鉄が高架の耐震補強に着手した頃である。1995年1月に発生した、阪神・淡路大震災を契機に、京浜急行の高架を耐震補強すべく、高架下にあった店舗等を立ち退かせた。結果、高架下にあったとされる約100店舗の違法風俗店舗が周辺に飛び火した。そして、数年を経た頃には、違法風俗店舗が約250店舗にも膨れ上がっていた。

　敷地の両側が違法風俗店舗になると居たたまれなくなった地域住民が土地を売り、そこが売春宿になるというように、まるでオセロゲームさながらの負の連鎖が起こり、増え続ける違法風俗店舗によって住環境の悪化が急速に進んでいった。

地域が発意・行動する「安全・安心のまちづくり」

　そのような状況を受け、二つの地元町内会が発意し2003年に「初黄・日ノ出町環境浄化推進協議会（以下、協議会）」を設立。違法風俗店街という「実情とイメージ」からの脱却を目指した。協議会では地区内の安全を見守るため、自主的に防犯パトロールを行うとともに行政に積極的に働

小規模店舗立面

きかけを行った。特に住民自治行政の担当部署である横浜市中区役所を頼りに問題解決に向けた総合的なアプローチを期待していたという。それを受け、2004年に横浜市（中区役所）から国に対して、売春防止法における罰則強化や不法滞在者の取り締まり強化などを訴えた要望書を提出するに至った。また、神奈川県警察本部では、歓楽街総合対策現地指揮本部を設置し、2005年に「バイバイ作戦」という違法風俗店舗の一斉取り締まりを行った。これにより、すべての違法風俗店舗が一掃され、

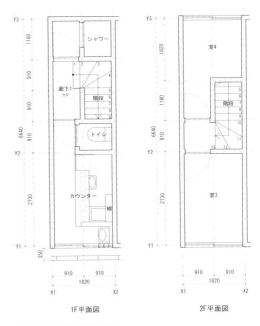

代表的な小規模店舗の平面

case 5　負のイメージを転換するエリアマネジメント

毎月27日に開催される防犯パトロール

協議会定例会の様子

以降、神奈川県警による24時間警戒が続けられている。

一方で、大量の空き店舗が同時に発生するという新たな問題が立ち現れた。もう少しつまびらかに表現するならば、まちの中心部が空洞化した一方で、物理的な「床」と目に見えない「権利」が大量に残った、と言える。

特にこの「権利」は複雑だ。土地と建物の所有者が同一である物件がある一方で、その多くは、前頁写真の立面に表れているように、一つの建物を間口1間で区切り、複数の地権者が区分所有するような仕組みとなっており、またさらには、その間口1間分の物件を複数の所有者で共有するなど、複雑に絡み合う権利関係となっている。

そのような状況を打破すべく、横浜市は警察と連携し、元違法風俗店舗（以下、小規模店舗）を所有者から借り上げることを始めた。そして、それを地域防犯拠点として協議会に活用してもらうことで、空き店舗化した小規模店舗を運用していくといった、斬新なスキームをスタートさせた[★1]。このスキームが現在の「リノベーションによる地区再生まちづくり」の基礎となっている。

アート・アーティストに備わる創造性を活かしたまちづくり

2004年、横浜市は創造都市政策を開始し[★2]、後年、当該地区が創造界隈形成拠点に位置づけられ、2008年にはアートフェスティバルである「黄金町バザール」が実行委員会形式

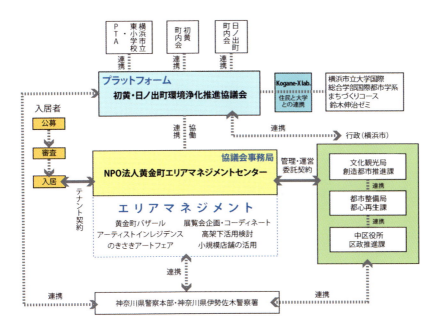

組織関連図

で開催されることとなった。また、それに併せて高架下に京浜急行と横浜市が協働し「高架下文化芸術スタジオ」が建設されている[★3]。9月から11月末までの間に39組のアーティストが出展した黄金町バザール2008は、高架下文化芸術スタジオや小規模店舗を会場に作品を展示し、約10万人もの来場者を記録した。一時的ではあったものの空洞化したまちに人通りが戻り、今までとは意味の違うにぎわいを見せるなど、まちの将来像とも言うべき姿がそこに提示された。以降「アートによるまちづくり」が掲げられ、継続的なまちづくりを推進すべく、NPO法人黄金町エリアマネジメントセンター（以下、NPO）が地域住民とまちづくりやアートの専門家、建築家等によって2009年に設立された。

NPOは、横浜市が借り上げた小規模店舗を借り受け、リノベーションしアーティスト・クリエーターに低廉な賃料で貸し出すアーティストインレジデンス事業を展開している。また、小規模店舗だけではなく、高架

リノベーション前

リノベーション後 [★4]

のきさきアートフェア

下の文化芸術スタジオもNPOが管理運営している。

　それらの管理施設では、絵画や立体作品、映像作品や陶芸作品をつくる作家のほか、建築家や服飾デザイナー、小説家など約60組がアトリエを構えるなど、多様な人材が活動している。

　また、毎年、黄金町バザールを開催し、国内外のアーティストを公募選定または招聘し、2〜3カ月間の滞在の後、まちなかに作品を展示している。このほか、日常的なまちのにぎわいを創出すべく、毎月第2日曜日には、横浜市立大学鈴木伸治研究室の協力を受け、地元商店会との共催で「のきさきアートフェア＋初黄日（はつこい）市場」を開催し、飲食・物販のマルシェに併せて当該地区で活動するアーティストが作品を販売している。さらには、若手の作家支援事業として、NPOが運営するギャラリーにおいて月に1回程度で企画展を開催している。

　以上のように、2005年の一斉取り締まり以降、行政・地域・大学・警察・企業・NPOが連携し、空き店舗となっていた小規模店舗や高架下の文化芸術スタジオを活用することで、

アーティスト等の創造的な人材が活動する環境を創出し、元違法風俗店街としてのまちのイメージの転換を図るとともに、二度と昔のまちに戻らないよう地区再生まちづくり活動を展開している。

では、なぜアートか。背景として横浜市が推進する創造都市政策がある一方で、当該地区におけるアートが果たす役割は地区再生まちづくり活動のプロセスにおいて次のような意味をもつと考える。それは、既存の価値基準に変革をもたらすものであると。地域の活性化を唱える一方で、その言葉がもつイメージはそれぞれ異なる。しかし、高度経済成長期を経て、バブル経済が弾け、失われた20年を経験した日本において、経済の活性化を求めても、今までの手順・論理では立ち行かないことは明らかだ。ではどうするのか。その答えの一つとしてアートがあると考える。そこでしか見られないもの、体験できないこと、そこでしか味わえない魅力を生み出すアートは、体験経済もしくは経験経済へと経済概念に変革をもたらす。

これこそが、大量生産・大量消費に裏支えされた経済成長モデルとは

Site-Aギャラリー展示風景［★5］

異なる次世代の発展モデルでもある。そして、まちづくりのコンセプトとしての「アート」が空間的かつ平面的に展開し、エリア全体の特色をつくりだしているという点が黄金町の独自性とも言える。アーティストが集い、創造性を育む環境を涵養することでまた新たな人材を呼び込む、といった土壌は、ソフトとハードが融合したまさに地区再生モデルとしての黄金町の姿だ。しかしアートに備わる創造性の源泉は、何かしらの財やサービスに変換され、さらには、それらを複製・転換し発展させるヒンジのような存在が必要となる。

現在の黄金町は、源泉の宝庫。よって、今後はその周辺領域を守備範囲としたビジネス・事業を展開する

case 5　負のイメージを転換するエリアマネジメント

黄金町バザール2014の作品［★6］

「担い手」をいかに当該地区に呼び込むかということと、それらを受け入れる環境づくりとしてのプロパティマネジメントが求められると言える。

持続可能なまちづくりの展開エリアマネジメントへ

では、まちづくりとしてどうしていくのか。いや、「まちづくり」という漠然とした言葉は適切ではない。「エリアマネジメント（地域経営）」という具体的な目標が必要だ。

前述したとおり、当該地区は違法風俗営業ができない地区となったものの、物理的な「床」とそれを裏支えする「権利」が残っている。小規模店舗の活用スキームでは「床」を一時的に押さえることはできたものの、行政の支援が基礎になっていることから、それがいつまで続くのかという不安定な土台の上に成立している。それは、高架下の文化芸術スタジオに関しても、所有者である京浜急行電鉄から横浜市が借り受けNPOが管理運営している、という構図となっていることからも同義であると言える。

今後、アートによるまちづくりを

持続的に推進していくにあたって、行政と地域、アーティストをつなぐ中間組織としてのNPOは、イベントだけではなく地域経営の視点に立った事業展開が求められる。具体的に言えば行政に代わってNPOが「床」を押さえることができるか、もっと言えば複雑化している「権利」そのものを取得することができるか、ということである。

　一方で、その「床」をいかにリノベーションしリーシングしていくのかといった一貫したプロパティマネジメントが必要だ。そして、小さな空間群を活用し、アーティスト等の創造的な人材の活動基盤を確保し、多様な事業展開につなげていくスキームを早く確立する必要があると言える。

　ただ、急速に進めることは現実的ではない。そこで、NPOは、まちなかに点在する「床」のさらなる活用方法として、まち全体を一つの家として見立て、まちなかに必要とされる諸機能を配置していく「大きな家（仮称）」構想を進めている。2015年には、アーティストが制作するスペースのほか、現代美術やアートプロジェクトに関する資料を所蔵する「ライブラリー」や地域防犯拠点をリノベー

黄金町バザール2015の作品［★7］

黄金町バザール2015のサイン

黄金町の風景

ションし機能強化を図った「インフォメーション」などを整備した。今後は、アーティストが入れ替わり現れてはそれぞれがシェフになってしまうような「共同キッチン」や、偶発的な出会いが生まれるかもしれない「ランドリー」、また、ついつい長居してしまう「リビング」など、様々な機能をまちなかに分散配置することで、一つの空間の中ですべての機能を完備し行為を閉じ込めてしまうのではなく、日常の一部をまちに預け、他者と行為・空間を共有しながら生活していくことができる環境をつくっていきたいと考えている。

　そういったプロパティマネジメントを通じて、当該地区の魅力を高めることで、アーティスト等の創造的な人材の集積に寄与すると同時に、アーティストが安定的に活動展開できる状況をそのなかで保証していくことが、昔のまちに戻らないためにも重要となってくる。そのためには、現在それを担っているNPO自体に

持続可能性が備わる必要ある。

　前述のとおり不安定な土台の上に建物運用がなされていることからも、まちづくりの基盤は脆弱性をはらんでいると言える。時間が経てば建物は劣化するばかりか、建物所有者もいつまでも同一人物であり続ける保証はない。だからこそ先を見据えて「このまちでできること」について考える必要がある。

　きっとこの先、黄金町に関わる団体・個人が果たす役割や存在の意味は変わっていくだろう。黄金町の地区再生プロジェクトを「昔話」で終わらせないためにも、NPOは、そういった変化をしっかり読み取り、柔軟な姿勢で事業を展開しなければいけない。そう、やらなくてはいけないことはまだまだ続く。

註
★1　ステップ・ワンと命名された当施設は神奈川大学曽我部研究室による設計でBankART桜荘というアーティストのレジデンススペースが設けられていた。これが、当該地区にアーティストが滞在する最初の事例となった。
★2　横浜市は都心部の歴史的建造物の活用を契機に「文化芸術と観光振興による都心部活性化」を目指し、文化芸術創造都市を標榜。四つの目標と五つのプロジェクトを掲げ2004年にスタート。そのプロジェクトのうちの一つに「創造界隈の形成」が位置づけられ、文化政策と都市空間戦略を融合させた新しい都市政策を推進している。
★3　2008年に完成した黄金スタジオと日ノ出スタジオ。前者は神奈川大学曽我部研究室+マチデザインによって設計され、後者は横浜国立大学Y-GSA飯田善彦スタジオ+SALHAUSによって設計され、黄金町バザール2008ではメイン会場として活用されている。また、2011年には高架下スタジオSite-D（小泉アトリエ／小泉雅生）とSite-A（コンテンポラリーズ／柳澤潤）が完成したほか、2012年にはSite-B（STUDIO 2A／宮明子）、Site-C（ワークステーション／高橋晶子+高橋寛）が完成し、NPOが管理運営を行っている。この高架下スタジオSite-A-Dの整備に合わせ、地域とNPOが協働し「ヨコハマ市民まち普請事業」を活用し広場を整備。設計を西倉潔氏に依頼し2011年に「かいだん広場」が完成。
★4　設計は、一級建築士事務所 中村建築。
★5　「帰ってきたパフィー通り」展。2015年秋、横浜BankART Studio NYK Kawamata Hallにて、阿川大樹原作「横浜黄金町パフィー通り」が舞台化され、演劇人のみならず黄金町のレジデンスアーティストたちが舞台美術や広告などに関わりながら、一つの舞台をつくりあげた。舞台終了後、Site-Aギャラリーにて実際に使用した舞台美術を使って再現展示したもの。
★6　ライヤー・ベン《SUGAR CANE LADY》（ベトナム）。
★7　ヴェレナ・イセル《隠された目的》（ドイツ）。

case 6

開港場租界における歴史的建造物群の現代的活用

旧中国人街・日本人街／仁川・韓国

尹仁石

　1883年、韓国の仁川は開港した。韓国にあって、釜山、元山、木浦、群山、鎮南浦などに続く最後の開港となった。鎖国政策を長く維持してきた朝鮮からすれば、朝鮮時代の首都の漢陽（現在のソウル）に最も近い仁川を最後に開港することは当然の流れであった。首都に近い港を最後に開港するのは中国でも同様で、北京と隣り合う天津を最後に開港している。日本では東京に最も近い横浜を、アメリカの黒船来航より早い時期に開港しているが、これは特異な事例と言える。

　開港後、仁川に設置された租界地は西洋の文物が集中的に流入し、朝鮮で最も異国的な風情をもつ地域となった。これは日本の横浜、神戸、中国の上海、青島、天津と同様のプロセスを経ることによる。つまり、初期には地元の家屋を借りて使用しながら、自国の建築家と材料を持ち込み、現地の事情に合わせて建築する。その後、現地の棟梁が異色の建築に挑戦する段階を経て、地元の若者が正規の「建築家」教育を受ける過程へと移行するのである。

　韓国では、仁川で建設された洋風及び近代的施設、すなわち西洋風ホテル、学校、鉄道などに「韓国初」という修飾語をつけている。

　韓国の開港場の中で仁川は最も多様な国の租界をもっていた地域である。アジアの各国のように、仁川は開港と同時にヨーロッパやアメリカの文物を受け入れながら、それまでとは全く別の世界に接し、新しい社会をつくりあげていく。仁川の近代

左上：カフェ官洞五里珍
左下：登録文化財になったカフェパッアル

文化地区の区域

建築には、韓国の近代建築発展史が凝縮され現れているといっても過言ではない。漢陽に近かったため沿岸都市の中で最も遅い開港場となったが、仁川は外交と行政の業務を目的に漢陽を訪れなければならない外国官僚や貿易商が最も多く出入りしていた場所であった。その結果、実に多くの国の租界が開設され、そこにさまざまな種類の建物が建てられた。

1900年京仁線が開通すると、外国からの客は仁川を素通りして漢陽に直行したため、20世紀以降仁川が大きく発展することはなかった。また、1950〜1953年の韓国戦争時には仁川上陸作戦も行われ、激しい破壊を受けたこともあった。1970年代には、京仁高速道路と京仁電鉄が開通し、ソウルの衛星都市になるものの、朝鮮戦争後から敵対国になった「中国人民共和国」や「北朝鮮」に対して海岸封鎖に近い状態にあった仁川の租界地域は、都市開発対象地域から外れる。逆説的ではあるが、このことが地域内の近代建築遺構が残存することに大きく役に立つこととなった。つまり、積極的な保存ではなく、仕方なく残されたのである。

しかし、1992年8月24日、韓国と中国の間に国交再修交が結ばれ、西海岸沿いに産業団地など大型国策事業を進める「西海岸時代づくり」の一環として、仁川の租界地は国際舞台で大きな役割を発揮し始める。「中華人民共和国」との交流が始まり、多くの変化が見られるようになった。かつて無彩色だったこのまちに、紅灯をはじめ、赤い電柱、漢字の看板がずらり並び、「チャイナタウン」の色を帯びることとなる。これに階段道を境に隣接する日本租界においても、日本の代表的な木造仕上げ材である「下見板張りの壁」がコンクリート造の建物外壁に取りつけられ、まちの景観が映画撮影所のセットのように変化した。これらの措置は、この地域を「観光特別地区」と指定し、華僑資本と中国の観光客を誘致するための準備作業であった。さらに、最近の韓流ブームを背景に、この地域は国際的にも認知度が高い場所となった。

この背景には、地域住民や店主が自らエキゾチックな風情のまちをつくりあげるように仕向ける行政機関（区役所）の仕掛けがあった。歴史的に重要な遺構を「文化財」に指定・登

中国式のお寺

中国式建築

観光特別地域に指定されたときに立てられた牌樓

日本租界の下見板張りのビル街

工事中の日本式住宅

ギャラリー書談斉

録し硬直的に扱うのではなく、住民が自発的にまちの雰囲気を保ちながら、柔軟に事業のプログラムに関われるように努めたのである。

仁川広域市中区役所の担当者である文化芸術課ソ・ユジン氏は、これまでの経過を次のように述べている。

現在、仁川広域市中区で用意している「近代建築支援事業補助金」は、事業主に対して実質的な支援を行うものである。仁川広域市中区は、仁川開港場の一帯に残っている近代的景観を保存しながら、空き店舗や住宅を文化施設として利用するように誘導するために、2010年より開港場一帯を「仁川開港場文化地区」と指定した。歴史文化資源の管理・保護、文化環境の創造に対して行政的租税と負担金を減免する一方、特定の施設の設置を禁止、または制限することが可能な制度を設けている。

仁川広域市中区はこの制度に基づいて、博物館、ギャラリー、劇場、陶磁器店など好ましい施設を設置する所有者や事業主に対して、取得税と固定資産税を50％減免している。また、新築・改築・再築・増築・大修繕などの建築工事費と設備の拡充に必

要な施設費に対し、最大5000万ウォン（約480万円）の融資支援を行っている。さらに、仁川開港場における近代的景観を継承し近代建築を活用するため、「近代建築支援事業補助金」事業も実施している。

特に、文化地区支援の「近代建築支援事業補助金」は、近代建築物（50年以上、または歴史的、学術的価値があり、保存の必要性が認められた建物）または近代建築風に新築する建物、ギャラリー、カフェ、工房などを公共に開放する施設として使用する場合、その建物の工事費を支援する事業として、最大3000万ウォン（約290万円）まで支援するものである。

この事業を通じて、2012年から現在まで、12カ所の近代建築物が博物館と展示室、カフェなどに再利用されており、その中で「パッアル」というカフェの日本風建築は登録文化財（第567号）に登録された。

この付近には1930年前半に建てられた集合住宅の一部を展示空間として活用する「仁川関洞ギャラリー」、氷倉庫として使用された建物をカフェとして運営する「仁川アーカイブカフェビンゴ」など、近代建築を活用するさまざまな場所が生まれている。

ギャラリー書談斉の内部

モノグラムコーヒーの内部

カフェコンチコ

case 6　開港場租界における歴史的建造物群の現代的活用

この一帯では近代建築に対する人々の視線が変わり、これまで「近代のものというのは古くなって役に立たない建物」という住民の認識が「うまく手を入れて活用すれば、風情のある素敵な遺産になる」と変化した。「ここで新たに事業を始めよう」と考える人々が増え、新しいビジネス対象地として関心が高まるだけではなく、実際に異色的な場所を訪ねる観光客も増加している。

仁川アーカイブカフェビンゴの内部

開港博物館

仁川アートプラットフォーム

私たちは今まで、積年のほこりがたまっている遺跡や遺構を「文化財」として指定し、官庁による硬直した管理及び保護を受けることで、歴史的文化環境を守ろうとしてきた。しかし、これからは仁川開港場のまちのように、文化財に登録や指定しなくても、今まで続いてきたまちの雰囲気を隣りの人々と仲良く守りながら、新しい家を周囲にふさわしく建てる風土をつくっていく必要があるだろう。先頭に立ったソ・ユジン氏をはじめとする仁川広域市中区の実験が良い成果を上げることを期待しながら、これらの活動が韓国の国内に広がることを願うところである。

PART ii

点・線から面への広がり

case 7

空き家再生とまちの資源の発信
三津浜にぎわい創出事業／松山・日本

岡部友彦

松山の港町　三津浜

　道後温泉や松山城で有名な愛媛県松山市。四国で一番人口の多い都市である松山市の西部に位置する三津浜地区は、松山空港からも車で15分ほどの立地で松山の海の玄関口であり、貿易、運送業、漁業、港を行き来する人々を相手にした商売で栄え、かつては映画館やボーリング場が複数存在し、商店街の行き来の際は肩が触れるほどたくさんの人々でにぎわい、城下町よりも繁栄していた町だった。

　三津浜には歴史的な文脈も多く、例えば夏目漱石の坊ちゃんが松山へと降り立った最初の地であり、正岡子規が俳句を学んだ地域、『坂の上の雲』の秋山兄弟が東京へと旅立っていった地であるなど数え挙げればきりがないほどだ。また港の繁栄を物語るように、立派な蔵や古民家が地域に点在しており、今では珍しい渡し船が生活の足として残っている。

　しかし、船の時代から車の時代へと変わるにつれて人の流れも変わり、肩が触れるほどのにぎわいは消え、店舗の大半が閉店し、シャッター商店街へと変わり果ててしまった。

シャッター商店街での新たな動き

　そんななか、2010年頃から30~40代のメンバーが商店街の空き店舗でレストランやカフェなど新たにお店を開く動きが起き始める。もともと三津浜はまちづくり活動が盛んで様々な組織が様々な切り口で活動しており、イベントなども盛んに行われている。そのような状況の中で商店

左上：三津浜にぎわい創出事業の拠点 "ミツハマル"
左下：ミツハマル内部の土間スペース。観光情報の紹介や地域イベントに使われている

小魚が天日干しされている

地元の生活の足として今も残る渡し舟

街に個性的なお店が開き始め、中には遠方からわざわざ車で買いに来る人気店ができたりと、それまでの流れとは変わる動きが出始めてきた。

地域のキーマンの一人である田中戸店主の田中章友氏はこう語る。「観光客や何かの目的で来る人たち相手に商売をするのではなく、自分の店のためだけにやってくるお客さんをどれだけつくれるかが重要。お店一店一店がその気持ちでやっていけば相乗効果も出るし、にぎわいも生まれる」。

「観光資源がないから人が来ない」と嘆く声はおそらく日本のどの地域からも聞こえてくる声ではあるが、そこで悲観せず、誰かを頼りにせずに、いかに人を引きつけられるかで勝負することが重要であり、その視点をもつ魅力的な店舗が三津浜の商店街には多く、また、田中氏の魅力で三津浜に移住してくる人たちも少なくない。

その流れを行政も後押ししようと2012年度に地域のにぎわい創出事業が公募されることとなった。しかし地元では事業を受託できる団体もなく、このまま知らない団体が受託し勝手なことをされてしまうことが危

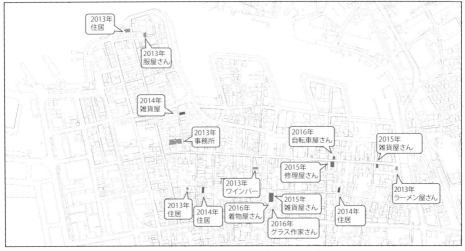

町家バンクで紹介された物件を含め、2016年までの3年間で27軒が新たにオープンした

恐され、自分たちとつながりのある団体に受託してもらえればという流れで、横浜から移住してきていたメンバーのつながりで、横浜でまちづくり事業を行っているコトラボ合同会社が連携し事業公募に手を上げることとなった。

ミツハマル

事業として始めに行われたのは、ミツハマルという名の地域拠点の立ち上げと運営、地域で行われているイベントのサポート、そして空き家を活用するための空き家バンクの企画、立ち上げ、運営だった。

2015年現在、820万戸の空き家が日本には存在しているが、都道府県別で見ると愛媛県は山梨県に次いで2番目に空き家率が多い県と言われている。

三津浜もまさにその状況を目の当たりにでき、当時スタッフ全員で地域の建物一軒一軒を調査した結果、地域には約200ほどの空き家が存在しており、中には築150年を超える古民家も含まれていた。

空き家ゆえに取り壊されたり、住んでいないために雨漏りなど老朽化が激しく、崩れてしまいそうな建物も少なくない。そんな中で空き家の持ち主を一軒一軒探し出し、作成した町家バンクを介して借りたい人と

　のマッチングを行うサイトを設立[★1]。単なる空き家を紹介するサイトでは面白味に欠けるので、調査したスタッフの主観を出しつつ、物語調で建物の紹介文を書き上げている。

　2013年から運用を開始し2016年までで27軒のマッチングが成立し、中には関東、関西圏からの移住者も含みつつ空き家活用がなされている。

　町家バンクに関心をもたれる方々の多くは古民家に住みたい、店舗にしたいという人々が多く、実際に築100年以上の倉庫がセレクトショップとして活用されるようになるなど、他にも雑貨店やワインバーなどのお店が地域に開かれるようにもなった。

いかに地域の雰囲気を発信できるか

　地域の雰囲気など物件以外の情報も取材し掲載することで訪問前から地域の状況を少しでも紹介できればと広報ツールの制作も様々に行われている。

　一つはウェブサイトで配信するコラムマップ。歴史的なコンテンツが多い三津浜ではあるが、地域には魅力的な人々も多く、こうしたことは日常、生活していれば体感できるもの

の通常のメディアではなかなか知ることのできない部分である。そこで人、店舗、観光スポットなどを直接取材しテキストにまとめて地図へとプロットするかたちで紹介。街のどこへ行けば出会えるのか、体験できるのかを表現している。

　二つめは封筒型マップの制作。マップは通常地域に赴いた際に活用するツールではあるが、マップは新旧の情報を一手に表現することができ、かつ魅力を伝えることにも適している。その長所と配送のツールである封筒とを組み合わせることで地

上下：封筒型マップとして県外へアピール

ウェブサイトのコラムマップ「ミツハマップ」（http://mitsuhamaru.com）

域の魅力をより外の人へと発信することを目指す。地元のアーティストに協力を募り、手書きの優しいマップを作成。そこに歴史的な文脈を入れつつ、地域の店舗や魅力的な人々、歴史的建築物、郷土料理などをちりばめて封筒を作成。地元の企業に地域外へ郵送する際に利用していただき地域を広く知ってもらう試みを行っている。

三つめはプロモーションムービーの制作。これはイギリスをはじめヨーロッパで使われている手法であり、地域の現状を紹介しながら、問題点・改善点を指摘、問題に対して行っているプロジェクトを紹介しつつ、町がどう変わっていくのか、どのような町にしていきたいかなどを紹介するムービーである。2000年頃からイギリスで流行り始めヨーロッパや中東などでも盛んにつくられており、日本でも2005年頃から横浜や小樽で同じようなムービーがつくられている。

町の紹介や現在行っているプロジェクトを発信したプロモーションムービー。YouTubeにて公開中

眠れる資源を発掘する

　地域の中には長年使われないままに荒れ果てて朽ちてしまう古民家も少なからず存在している。所有者が東京や大阪に出てしまい長年にわたり空き家となりメンテナンスも行き届いておらず崩れてしまうもの、メンテナンスはしつつも仏壇や荷物が残っているため誰かに貸すことをためらい空き家となっているものなどその理由はまちまちだ。

　その中で、築90年の古民家をなんとかできないかという相談がやってくる。三津浜には珍しい洋館建築で下見板張りの外観、建物正面の切妻屋根は崩れ落ち、窓ガラスも割れ、その外観はさながらホーンテッドマンションのような不気味さすらある建物であった。

　産婦人科だった旧濱田医院の内部は、崩れた屋根から雨が入り土壁が崩れ落ちていたり、肝試しや空き巣に入られたようで内部は荒らされひどい状況であった。地域でも稀な洋館建築ということもあり保存したいという声もあれば、見るからに崩壊しそうで心理的にも物理的にも恐怖心を抱かせる状況であることから周辺住民からは撤去してほしいとの声も上がっていた。また、所有者は東京に在住しており高齢となられているため管理のために来ることもできない状況であり、所有者からも建物をなんとかしてほしい、地域のために使ってほしいとの依頼があった。

　建物の状況からしてもそう長く検討していられる状況でもなく、建物を使えるように清掃し修繕するにはどうしたら良いか、修繕後どのように活用していくかを考え進めていくこととなった。

　地元メンバーと清掃を行い、建物

改装前の旧濱田医院とDIYワークショップの一例。割れた窓ガラスをガラス絵の具で修復

を活用した売り上げを改修費用に補填することを見据えて、地元の大工さんにまずは雨漏りを防ぐための修理と崩れた部分の修繕を依頼。地元の学生たちにも協力を募り、ペンキ塗りなど軽作業を行いつつ、活用できる状態にまで修繕を行った。

また、地域に存在する同じような古民家を修繕して活用できる人たちを増やしていくことを目指し、DIYで建物を直していくためのワークショップを開催。

割れた窓ガラスをアレンジすることで、最低限、雨が入らないように補修するような簡易的な技術から、崩れた壁の取り除き下地の状況により修繕の検討・実行を行う知識・技術まで、様々なワークショップを行い、古民家の利活用を促す取り組みを行っている。

空き家をまちづくりに活用できないか

このように地域の景観や歴史を受け継ぐような建物であるものの空き

改装後の旧濱田医院

　家で利用されずにところどころ痛み朽ちてしまう建物は三津浜だけでなく全国各地に多数存在している。惜しまれながら壊されていくこともあれば、古建築への関心の高い地域では建物を保存するための様々な思考を凝らした工夫により保存活用されるケースもある。

　福岡県八女市では、所有者が独自で修繕できるケース、独自でできない場合NPOが借りて修繕しサブリースして活用するケース、相続の関係で借りることができない場合建物の管理委託を受けて修繕・活用するケースなど状況により使い分けながらまちづくりを進めている。

　旧濱田医院の場合、建物があまりにも大きいため、部屋単位で貸し出しをしながら活用保全を行う形がとられている。洋館の趣きを好んでもらえる利用者を募り、雑貨屋などお店が複数入ってくるようになれば建物を訪れる人たちも増え、家賃も入るため改修資金の捻出が行えるよう

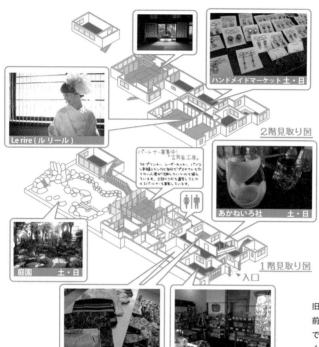

旧濱田医院の全体図。手前の病棟部分を部屋単位で貸し出してにぎわいづくりと改装資金の回収を図る

になる。

コミュニティアセットとしての可能性

このように地域の空き家を地域の中でなんとかしていかなければならない時代がすでに来ている。うまく活用できれば地域の新たな資源になり得るはずだが、建物の所有者が動き出さなければ何も始まらないというのが現実である。2015年に制定された空き家対策特別措置法の影響もあり、活用保全されるよりもむしろ取り壊されていく動きが強まっている。

また、今後、人口減少社会により税収も伸び悩む一方で、高齢化などの社会課題はますます増加していく、その中で公的資金に頼るまちづくりでは持続性の観点から厳しさが予想される。そこで、地域の空き家を地域で所有、または安価に借り上げ、利活用することで地域活動の資金をつくることはできないだろうか。

地域コミュニティで資金を集め、旧濱田医院のように修繕、サブリー

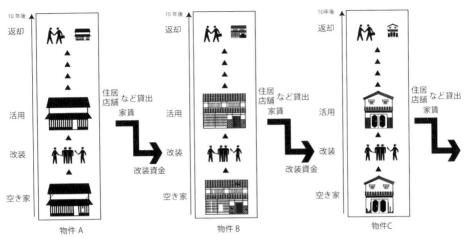

空き家を直してコミュニティアセットとして活用し、その利益を次の空き家の改装費用に当てていくことができれば多くの建物が活用されるようになるかもしれない

スすることで古民家の活用保全を行う。改装費用の回収、そして、その後は地域活動の資金源とすることができれば公的資金に頼らないまちづくりを行えるようになるかもしれない。寄付または賃貸、管理委託などで建物を活用できるようにし、改装費用を組織で捻出し、改装後の建物の利活用により改装費用を回収したり、組織の運営費や次の建物の改装資金を捻出する財源として活用する形ができると公的財源に頼らずに地域で持続的な取り組みができるようになるかもしれない。

地域組織が所有または管理する建物をコミュニティアセットと海外では呼ぶことがあり、特にイギリスでは行政が保有する使われなくなった土地建物を地域団体が取得または安価に借りて活用するケースが存在するが、日本は民間所有の空き家を同様の視点で利活用することが現状として適している。

地方創生など中央の財源を期待する声も多いが、それとともに地域に眠っている資産をどのように掘り起こし、まちづくり活動の新たな財源にしていけるかという点もこれから重要な視点の一つとなるのではないだろうか。

case 8
旧居留地のブールバールとモダンなまちなみ
日本大通り／横浜・日本

内田青蔵

ブールバールの再生

　幕末期の安政五か国条約をもとに開港された函館・横浜・新潟・神戸・長崎および開市場としての東京と大阪は、いち早く外国人たちが居住しはじめたエリアであった。それは、欧米文化の最初の到来地とも言えるし、洋風商館や洋風住宅が真っ先に建設された街でもあった。とりわけ横浜と神戸は、イギリス人の手により欧米の都市計画の手法を積極的に取り入れた街づくりが進められたし、明治期になると東京でもお雇い外国人 T. J. ウォートルスによる銀座煉瓦街をはじめに新しい都市づくりが展開された。

　ところで、東京と隣接する横浜は、関東大震災と戦災という未曾有の天災と人災を受け、それまで築き上げてきた都市の遺産の多くを失ってしまった。とりわけ、関東大震災の震源地に近かった横浜の被害は東京をはるかに超え、幕末期以降の欧米人の英知を積極的に取り入れながらつくり続けてきた街づくりの成果としての都市遺産のほとんどが瓦礫と化した。当時の最先端都市であった旧居留地地区、現在の関内地区で残ったのは震災前にすでに新しい構造形式としての鉄筋コンクリート構造をいち早く取り入れ、建設された建物だけだった。言い換えれば、震災直後の横浜の街の姿は、その後の建築の主要構造となる鉄筋コンクリート構造の耐震性・耐火性という性能の確かさを証明した実験場と化していたのである。

　そうした状況の中で、横浜は東京

左：今日の日本大通り

と同様に、新時代の都市を復興させるべく、震災復興事業が展開された。その事業の基本方針は、広域的には交通網の整備、公園の増設、耐震耐火性能の高い建築物の建設であり、また、同時に旧居留地のシンボルである広い車道と歩道はもちろんのこと、街路樹や街灯の完備されたわが国の最初のブールバールとも呼べる日本大通りの再生がめざされたのである。

日本大通りの誕生の経緯

旧居留地の中央に位置する日本大通りは、わが国最初の日本人にも開かれた西洋式公園である横浜公園と波止場をつなぐ大通りで、その両脇には県庁や警察署といった公共建築とともにイギリス領事館、スイス領事館、アメリカ領事館などが道路を挟んで林立していた（図1）。そして、1885（明治18）年には日本大通りの先端部分の横浜公園の反対側の波止場手前に横浜税関が建設された。これにより、公園側から日本大通りを通して見る景観は、正面に海側を閉じるように横浜税関が建ち、その両側には県庁や領事館が建つなど、まさにブールバールとしての魅力を備えた日本大通りをあたかも広場のように取り囲み、当時の首都東京にもみられない官庁集中街とも言える様相を呈していたのである（図2）。

日本大通りの成立の経緯を振り返えると、それは他の居留地にはない横浜居留地の独自の特徴を示す存在でもあったことがわかる。すなわち、1859（安政6）年の開港時、国内情勢としてはまだ鎖国を支持し、それゆえ外国人の入国に反対する人々もいた。そこで、幕府は外国人と日本人との争いなどを避ける方策として、居留地内に外国人を閉じ込めておくことを考えていた。ただ、外国人の多くは文物の輸出入などの商業活動目的で来日した人々で、この地に閉じ込めておくためには、内部に商店街を設ける必要があった。そこで、横浜居留地には外国人エリアと日本人の商店エリアを設け、この居留地内だけで外国人たちが商業活動や生活ができるように計画していたのである。しかしながら、その企ては、1866（慶応2）年の居留地で起きた火事で中断することになる。外国人たちは、この慶応火事を契機に居住エリアの拡大を求め、現在の山手地区を幕府との交渉の中で獲得すること

図1 明治期の日本大通り

になるのである。居留地内に閉じ込めようとしていた幕府の意図は、ここで消え去った。同時に、外国人たちは、それまで曖昧だった居留地内の外国人エリアと日本人エリアの境界線を明確化することを求めた。それが、日本大通りの設置となったのである。外国人たちは、自らのエリアの防火対策として石造・煉瓦造による建築制限を定め、また、日本人エリアからの火事の延焼を防ぐ防火帯としての役割を持つことのできる広い道路の設置とともに、下地には下水、地上には、歩道と街路樹を求めたのである。この計画は、外国人側の要請もあって、お雇い外国人で

図2 1891（明治24）年「横浜真景一覧図絵」

case 8 旧居留地のブールバールとモダンなまちなみ 101

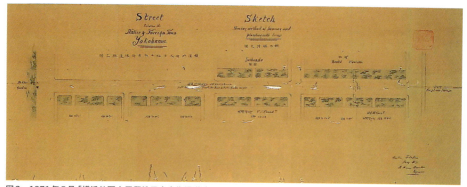

図3　1871年5月「横浜外国人居留地日本市街堺道路之図」

あるイギリス人技師R・H・ブラントンが行った。ブラントンは、1871（明治4）年に歩道と街路樹の植えられた道路の図面を描き、また、翌年の1872年には横浜公園の略図を描いた。まさに、外国人の手になるブールバールのイメージが具体的に描かれたのである（図3）。この外国人たちの求めた日本大通りの計画は、明治政府の手で幾分縮小されたものの、1875（明治8）年、中央車道10間、歩道・街路樹地帯各5間の全幅20間の大通りが完成し、日本大通りと呼ばれたのである[★1]。

震災復興による日本大通り

明治期以降の首都・東京の基盤整備の進展とともに、横浜から外国領事館が東京に移る動きもあって、日本大通りの官庁街的様相も変化していたが、日本大通りが都市・横浜のシンボルであったことは変わりがなかった。そのため、関東大震災後の復興においては、この日本大通りそのものも、基本的姿を変えることなく、その復興がめざされたのである。復興においては、横浜公園と対峙して置かれていた税関の建築はその位置を現在地に変更されたものの、県庁とイギリス領事館（現横浜開港資料館）は同じ位置に再建された。また、鉄筋コンクリート構造のために震災時にも軽い被害で済んだ、横浜の建築家として知られる遠藤於菟設計の旧三井物産横浜支店は隣りに増築を行い、規模の拡大を図った。また、公園側には隣接して旧日本綿花横浜支店が渡辺節の設計で建設された。

図4　震災復興事業の完成した昭和4年当時の日本大通り

一方、海側には横浜市の手になる旧横浜商工奨励会館が、道路を挟んだ反対側の生糸検査所跡地には旧横浜地方裁判所がそれぞれ鉄筋コンクリート構造で建設された。

こうして、1929（昭和4）年、復興は終了した（図4）。そこには1875（明治8）年以降親しまれてきた日本大通りと、道路に沿って建設されてきた建築のつくりだす統一されたスカイラインのみごとな景観が再現されていたのである。

1980年代に開始された街づくりと日本大通りの保存・再生

震災後復興した横浜は、再び、戦火にまみれた。日本大通りも被害を受けたものの、両側に建てられた建築が鉄筋コンクリート構造によるものであったこともあって、被害は最小限に抑えられた。戦後のGHQによる占領期を経て、新しい都市としての防火帯建築群などの建設も積極的に展開されたが、日本大通りも魅力は失せ、かつての日本の先端を走る都市・横浜の面影はなかった。そ

うした中で、1980年代に都市再生をめざす横浜の街づくり構想の策定が始まった。そして、東京のベッドタウン化した横浜の現状から脱却するために、都市・横浜の個性として近代化・洋風化をいち早く取り入れ、成長してきた歴史と文化を表現する街づくりの基本的理念が定められた。具体的には、日本大通りエリアの景観の再現と現存する歴史的建造物を歴史と文化の生き証人として保存・再生することをめざしたのである。この日本大通りの景観は時代とともに変化してきたが、震災復興時に整備され、1929（昭和4）年に誕生した景観の再現と維持がめざされたのは言うまでもない。

街づくりの手法としての景観を意識した"外観保存"

歴史的建造物の保存・再生という方針があっても、実施にあたっては越えなければならない課題がたくさん存在した。日本大通りは、関内地区の中心部分であり、横浜でも最も地価の高いエリアである。こうした都心エリアに共通する問題は、土地や建物の所有者の多くが経済性を優先するあまりに建物の持つ歴史性や地域性といった貴重な価値を捨て、その土地に許される最大の容積の建物につくり替えることをめざすことである。所有者から見れば、容積が小さく、かつ、メンテナンスの困難な古建築を維持するよりも経済性を優先し、再開発をめざすのは世の流れであった。

しかしながら、幸いにも日本大通りに面して建つ建築の多くは、県庁など公共建築が大半を占めており、民間の利潤追求とは異なる価値観を有していた。そのため、横浜市のめざした街づくりに対しても理解を示し、景観の再現とその維持が可能となったのである。

それでも、メンテナンスの問題や改修された部分の扱い、あるいは、手狭となった建築容積の増加の追求といった様々な問題を無視することはできなかった。そこで再確認されたのが、あくまでも日本大通りの"景観の再現"をめざすという再生の方針であった。それは、建築保存の手法から見れば、外観保存を優先するという方法の確認であり、見方によっては、むしろ歴史的建造物の開発の可能性を認めるものとも言えるものであった。

さて、では実際に景観再生のために採用された方法はどのようなものであったのか。実際の街から見てみよう。

現在、神奈川県庁、旧三井物産横浜支店、旧日本綿花横浜支店、また、県庁と道を挟んで建つ1931（昭和6）年竣工の旧イギリス領事館は、創建時の姿を今日も残し横浜らしさを伝えている。神奈川県庁は関東大震災後の1928（昭和3）年にいち早く横浜で復興された建築であり、その東洋趣味的ともライト風とも言われる外観は、日本に訪れる外国人に日本という異国の存在を告げることを目的としたものであり、内部空間もよく残されている（図5）。1911（明治44）年竣工の旧三井物産横浜支店はわが国に現存する鉄筋コンクリート構造の建築として最も古い事例のひとつであり、当時の横浜の先駆性を示す貴重な事例でもある（図6）。また、横浜公園と接して建つ旧日本綿花横浜支店は、1927（昭和2）年の竣工で、当時の日本で流行していたスクラッチタイルを全身にまとい、頂部には半円アーチの連なるロンバルド帯があるなどクラシカルな雰囲気を漂わせ、魅力的な街並みのアクセントとなっ

図5　神奈川県庁

図6　旧三井物産横浜支店

図7　旧日本綿花横浜支店

図8　旧横浜商工奨励館

図9　旧横浜商工奨励館3階貴賓室

図10　旧横浜商工奨励館エントランスホール階段

ている（図7）。

　そうした震災復興時の建築の中で、旧横浜商工奨励館は、異彩を放っている。一見すると創建時の姿の建築がそのまま利用されているように見えるが、背後には高い建築が接している。これは、視覚的には景観を維持するために日本大通り側部分を保存するとともに、容積問題の解決のために背後に新館として高層棟を建てた姿なのである（図8）。また、外観保存とともに階段廻りおよびホールと3階の迎賓室は室内の壁仕上げや家具などインテリアを復原し、単に外観だけではなく内部の復原保存を通してその歴史性の再現を積極的に試みている（図9、10）。道路を挟んだ反対側にある横浜地方裁判所も一見すると同様な手法による建築のように見える。ただ、建築保存が行われているように見えるが、実際は1929（昭和4）年当時の建築は壊され、景観形成のために日本大通り側の一部を創建時の姿に再現し、旧横浜商工奨励館と同様に、容積問題の解決のために背後に高層棟を建てている（図11、12）。

　いずれにせよ、こうした多様な手法をもとに、日本大通りの景観とし

図11　横浜地方裁判所

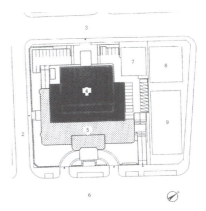

図12　横浜地方裁判所配置図。4：高層棟、5：低層棟（外観復原部分）

て1929（昭和4）年当時の景観の再現が試みられているのである。日本大通りの歩道を歩いていると、確かに古い歴史を感じることができる。ただ、視線を変えると背後の高層棟がいやがおうにも目についてしまう。こうした歴史性と現代性を感じるアンビバレントな都市をよりいっそう魅力的と感じるためには、中高層棟のデザイン性をより高めることが求められるのではないか、そうした新たな試みを見てみたいと素朴に思う。

居留地内のもうひとつのメインストリート・馬車道に見る"外観保存"

　日本大通りは、近代化を象徴する旧居留地エリア内のメインストリートであったが、この旧居留地内にはもう一つのメインストリートがあった。旧日本人の商店エリアに設けられていた馬車道である。歴史的には日本大通りよりも古く、ガス灯も備えられていたモダンな通りであった。この二つのメインストリートを比較すると、その性格は大きく異なる。日本大通りが官庁街通りであったのに対し、馬車道は商店街・金融街通りと言えるし、日本大通りが格式高い通りと言えるのに対し、馬車道は庶民的で生活感漂う通りと言える。この雰囲気は今日でも変わらず、こうした通りの特徴の違いが、景観はもちろんのこと、歴史的建造物の保存方法として採用された手法もまったく異なったものとなっているのは極めて興味深い。

case 8　旧居留地のブールバールとモダンなまちなみ

図13　旧横浜正金銀行本店

図14　旧川崎銀行横浜支店

　この馬車道通りには、横浜の貿易港としての発展を象徴する1904（明治37）年竣工の旧横浜正金銀行本店があり、現在、神奈川県立歴史博物館として再利用されている。上海や漢口などの旧租界地に現存している旧横浜正金銀行の各支店の総本山と言える建築が存在していることは、まさしく日本及び横浜の近代史を振り返る意味でも貴重な建築だ。また、この建築はわが国を代表する建築家で、アメリカのコーネル大学とドイツのベルリン工科大学で建築を学んだ妻木頼廣の代表作品でもあるし、石造の凹凸のはっきりした彫りの深い石造の外壁や高いドームを冠した重厚感漂う外観は、日本におけるドイツ派の作風を示している（図13）。

　この建物の隣りには、1922（大正11）年、同じくドイツ派であった矢部又吉設計による旧川崎銀行横浜支店があり、外壁保存の事例として知られている（図14）。ただ、この建築の場合の外壁保存は、外壁を創建時の姿のまま残したのではなく、よく見ると上層部のガラス張り部分の最上部に石造による外壁の一部があり、また、当初のデンテル部分とその下の外壁部分には帯状のガラス面が見

られるなど、創建時の外観にいわゆるデザインが加えられていることがわかる。歴史的姿を正確に残すという従来の手法ではなく、まるでポストモダンの建築のようにも見えるのだ。そこには、残しながら新しいものにつくりかえようとする意図も見え隠れしており、保存ということ、とりわけ外壁保存のあり方の問題に一石投じたものでもある。こうした外壁保存の新しい手法の試みが、馬車道では行われているのである。おそらく、日本大通りでは、こうしたラディカルで大胆な試みはそぐわない。歴史的建築の再現という王道こそがふさわしい。その点、馬車道という庶民的で人々の生活感漂う通りであるからこそ、こうした自由な方法が試みられたのではないかと思う。いずれにせよ、横浜では歴史的建造物を歴史と文化を発信する貴重な文化遺産として、街づくりに積極的に取り入れてきた。その過程で、景観保存を基本に、創建時の建築保存とともに外壁保存はもちろんのこと、イメージ保存や、外観の復原、あるいは旧横浜銀行本店別館のような曳家も行われてきた。ただ、残念なのはそうした熱気が、今日やや薄れてきたように感じることである。今後は、積極的に残した歴史的資産の維持と活用への新たな試みが必要と思う。横浜に魅力を感じるひとりとして、新たな街づくりと共にその維持と活用への新しいチャレンジを期待したい。

註
★1　拙稿「横浜居留地の日本大通りについて——非文字資料から見る明治期の日本大通りの官庁街化に関する一試論」『年報　非文字資料研究』第10号、神奈川大学日本常民文化研究所 非文字資料研究センター、2014年3月、65-83頁。

参考文献
☆1　横浜都市発展記念館『横浜建築家列伝』2009年。
☆2　横浜都市発展記念館『目でみる「都市横浜」のあゆみ』2003年。
☆3　SD編集部『都市デザイン　横浜　その発想と展開』鹿島出版会、1993年。
☆4　横浜市歴史的資産調査会『都市の記憶　横浜の近代建築　Ⅰ・Ⅱ』1992年。
☆5　横浜市『図説　横浜の歴史』1989年。
☆6　横浜市『横浜・都市と建築の100年』1989年。

case 9

ハイブリッドな近代建築が描き出す地域像
北城路近代リノベーション事業／大邱・韓国

鄭一止

町工場通り・大邱市北城路の形成

　日本ではあまり知られていない大邱(テグ)だが、韓国の内陸ではソウルに次いで2番めに大きい都市である。朝鮮時代、慶尚道(キョンサンド)(南東部地方)の行政と軍事機能を担う機関である邑城の所在地となり、1905年に邑城の北側に大邱駅が設けられることで、近代化が一気に進み、物流・商業・交通など慶尚道の中心地として成長しつづけてきた。特に、城壁が壊され跡地につくられた北城路(ブッソンロ)は駅に近く、商業会議所や三中井百貨店が開設され、日本人のまちとして大邱最大の繁華街になった。都市構成から見て北城路は、駅まで広がるグリッド式の日本人街と、城壁の内側に残る自然発生的な町割りの韓国人街の間に挟まれており、両方の文化が入り交

左上：「北城路・工具博物館」の様子
左下：20世紀初頭の北城路の風景（ハガキ）

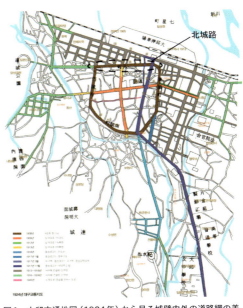

図1　大邱交通地図（1924年）から見る城壁内外の道路網の差
（出典：『慶尚監営400年史』；『大邱・新擇里志』[2007年]再引用）

じる場所でもあった（図1）。

　戦後は、米軍から流れてきた廃工具を取り扱う店舗が集まったことか

図2　北城路の最近の様子

図3　『大邱・新擇里志』の表紙

図4　「近代文化路地造成事業」(2007-2009年)の完成後の様子

ら、工具を生産、販売するものづくりのまちに転換し発展した。金属加工などの高度な技術が蓄積されており、北城路では「図面さえあればタンクもつくれる」という話があるほどだった。付近に位置するものづくりのまち・仁橋洞(インギョドン)とともに成長し、大邱最大の町工場通りとして発展した(図2)。しかし、90年代からの景気悪化と工業団地移転の結果、地域衰退が進み、シャッター通りになりつつあった。

大邱市中心部での地域再生

北城路より南側に位置する大邱中心部には朝鮮時代につくられた自然発生的な町割りが多く残っており、地域の歴史性を活かした地域再生プロジェクトが先進的に進められた。プロジェクトを始めたのは権サング氏と彼の所属していた市民団体YMCAである。2000年初頭から路地を中心に地域にまつわる様々なストーリーを発掘し、地域調査、マップづくり、街歩きイベントなどを数多く企画した。2007年には地域別にストーリーをまとめた大邱中心部の生活史ガイドブック『大邱・新擇里志』が発刊された(図3)。そして、蓄積され

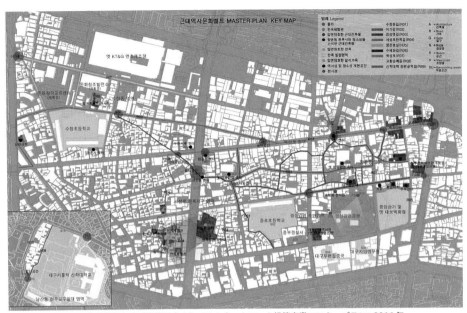

図5 「都心空間文化資源構築および近代歴史文化ベルトネットワーク構築事業マスタープラン」2011年

た地域のストーリーをもとに官民協働事業として、「近代文化路地造成事業」などの沿道整備事業（図4）、地域ごとに再生方向を示したマスタープラン「都心再生基本構想」が進められた。近代建築をマッピングするとともに、主な事件や歴史上のエピソードなど関連ストーリーを蓄積しその拠点を示す研究も引き続き行われた（図5）。一方、2009年には国土海洋部（日本の国土交通省に該当）の「住みたい都市づくりモデル事業」に選定されることで、「中区・住みたい都市づくり支援センター」（以下、支援センターに省略）が設置され、事業推進の体制が整った。街路環境整備事業、関連研究など、「近代歴史文化ベルトネットワーク構築事業」が本格的に進められるようになった。大邱中心部での取り組みは、近代建築とそれにまつわるストーリーがともに含まれた近代景観の地域再生事例と言える。ただ、その対象は植民地時代の独立運動家、著名な文学人など韓国人のストーリーと、韓屋（ハノク）や教会などの洋風建築が主であり、日式建築は見当たらなかった。

case 9　ハイブリッドな近代建築が描き出す地域像　　113

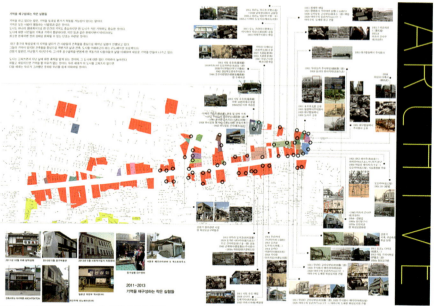

図6　北城路地域の空間と社会構成の分析図

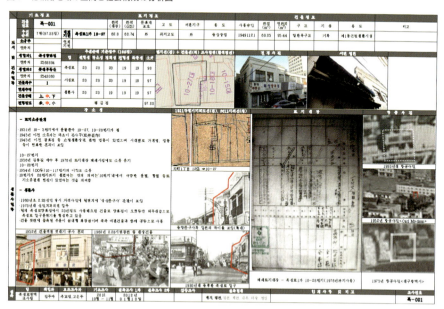

図7　北城路地域にある近代建築の空間と社会的アーカイブ

図8 仮想設計プロジェクト「北城路・再発見」での設計案

北城路での地域再生の取り組みと「北城路・近代建築物リノベーション事業」

中心部から600~700m離れている北城路地域は安価な中国製品の流入で年々競争力が低下し、中心部よりも急速に衰退していた。このような北城路に注目したのは中心部の地域再生に関わってきた権サング氏である。半世紀以上ものづくりのまちとして引き継がれてきた技術と、市内で最も多く残る日式建築によってつくられたまちなみに着目したのだ。

2011年には北城路地域を対象とした「大邱邑城・路地象徴通り造成事業」が国土海洋部の「都市活力増進地域開発事業」に選ばれ、北城路地域における地域再生が本格的に展開した。まず、近代建築を対象としたストーリー調査と実測調査が同時に行われ、2012年には地域内100軒ほどの近代建築物を対象に建築の寸法

図9　リノベーション後の「三徳商会」(左側の店舗)

図10　リノベーション前の「北城路・工具博物館」

図11　地域の職人さんを招いた講座開催
於「北城路・工具博物館」

図12　リノベーション後の「北城路・工具博物館」

や当時の用途などの建築情報をはじめ、歴代所有者の情報や生活様子までをアーカイブ化した『近代建築物管理統合マトリックス』が制作された(図6、7)。ものづくりのまち・北城路地域の職人を対象にオーラルヒストリー調査も行われた。2012年に『離村向都民の大邱邑城定着記録』、『北城路・寄贈工具目録化』調査報告書が出版され、それらの地域史は2013年に開館する「北城路・工具博物館」の展示内容に反映された。

さらに、建築リノベーションによる再生も試みられた。2011年、4軒の近代建築物を対象にリノベーションを提案する仮想設計プロジェクト「北城路・再発見」という試みである(図8)。当プロジェクトでは支援セ

ンターと地域大学との合同研究として、5人の建築家とともに、建築オーナーやコーディネーターが関わった。設計提案だけではなく、テナントとのマッチングも行われ、工具販売店であった「三徳商会」カフェの開店につながった（図9）。店舗に置いてあった多くの道具は支援センターに寄贈され、『北城路・寄贈工具目録化』としてまとめられた。「三徳商会」のリノベーションに関わったメンバーは、リノベーションの経験と地域史にまつわるアーカイブをもとに2013年には「北城路・工具博物館」が開館された（図10、12）。博物館では、地域の職人さんを招いた講座開催など、地域の拠点としても使われている（図11）。そして、2014年には官民協働による体系的な取り組みとして「北城路・近代建築物リノベーション事業」（以下、リノベーション事業に省略）が始まった。市民や地域住民が主体的に参加できる当事業は現在も続けられている。

「リノベーション事業」の概要

「リノベーション事業」は北城路地域の近代建築物を対象に、地域の場所性と建築の特殊性を反映したリノ

図13 「リノベーション委員会」の構成

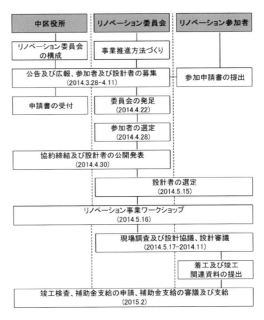

図14 「リノベーション事業」のプロセスと日程

図15　リノベーション前の「極東ダクト」

図16　リノベーション後の「極東ダクト」

括的な観点に基づき支援を行う事業として位置づけられる。対象は1890年代から1962年の建築法が制定される前に建てられた近代建築（韓屋、日式建築、洋式建築、折衷式建築［★1］）であり、具体的には、①場所性・歴史性・活用性のある建築物、②公共的な活用をしており、雇用の創出及び観光活性化を図る建築物、③北城路地域のモデルになりうる建築物を対象としている。リノベーションとは、「既存建築物を壊さず改修・補修し使用すること」を指し、「建築法規による増改築、大修繕、用途変更」までを含む。同時に、空間プログラムにも質を求めている。また、支援は道から見える前面・背面、屋根、看板など外観だけではなく、基礎構造の補強など広義的概念としてのまちなみに関わる部分すべてが対象になる。工事費の8割以内かつ最大4000万ウォン（約390万円）まで支援し、必要に応じてリノベーション委員会の決定に基づき増額することも可能である。

　事業は専門家グループである実務委員会と審議委員会によって進められる。参加市民と直接関わりながら支援する実務委員会はMA（マスター

ベーションを行えば、費用とノウハウを支援する取り組みである。まとまりのある文化財としての都市景観ではなく、ハイブリッド性の高い近代建築を対象としているところに特徴がある。そのため、決められたルールに沿った受動的な外観改善事業ではなく、地域住民や市民の積極的な参加を図るとともに、創造的で総

アーキテクト)、建築考証専門家、民間協力コーディネーター(生活史専門家を兼任する)の3名によって構成される(図13)。一方、審議委員会は建築史や都市計画史を専攻とする学識経験者3名と中区の職員により構成される。事業参加者は賃貸借期間に空間占有権をもつ者でオーナーまたはテナントが対象となる。設計者及び施工者は市内で事務所を有することを要件としており、地域でのスキルの蓄積を図っている。

「リノベーション事業」のプロセス

事業は、①参加者の選定、②事前撤去・考証、③設計論議・審議、④支援額の決定というプロセスに沿って行われる(図14)。実務委員会は各プロセスに積極的に関わり、週1回打ち合わせを開くだけではなく、非公式的に参加者や設計者、施工者などと協議を行う。参加者の選定、設計の審議、支援金額の決定の際には審議委員会も含めて全委員が参加したうえでこれらを決める。特に、審議委員会は参加者の選定、設計審議、そして支援額の指定に関わる。一方、必要に応じて不動産業者、構造専門家などが関わることもある。

図17 リノベーション前の「アートショップ博物館」

図18 リノベーション後の「アートショップ博物館」

リノベーション委員会の観点から、各段階の支援方法について述べる。

①選定では、「リノベーション事業」の支援対象や支援範囲など大まかな基準を実務委員会で決め、公告及び広報は中区が行う。実務委員会が仮設定した基準(建築・物理的要素40%、景観・観光的要素35%、歴史・人文的要素15%)をもとに、審議委員会では参

case 9 ハイブリッドな近代建築が描き出す地域像

図19 「リノベージョン事業」対象建築物の分布図

加者の姿勢やプログラムの特徴までを含む総括的な観点から考慮し選定する。申請者16名のうち、最終的には7名が事業参加者として選ばれた(図19)。

特に、朝鮮時代に建てられた集落「客舎」の場所と「リノベーション事業」の対象建築が重なったため、多くの議論が交わされた。韓国では復元と言えば通常、朝鮮時代の文化財のことを指し、復元する取り組みは全国各地で行われている。つまり、「リノベーション事業」の対象から外し、「客舎」の復元事業のため、敷地の買い取りを進めるのが「ふつう」であろう。しかし、最終的には、歴史まちづくりによる地域経済的な効果、客舎撤去の後から現在までつ

わる生活のストーリーが残っている点、「リノベーション事業」が5年という短期間の実験的な取り組みである点、市民主体的な方式でまちづくりが進められている点などが考慮され、「リノベーション事業」の対象に選定された。暫定的ではあるが、客舎の復元事業を中止し、近代都市景観を活かした地域再生の取り組みは全国でも見られない画期的な選択だったと言える。

②部分撤去をしながら、目視だけでは確認できない建築物の基礎構造、築年数、かつての地割りや入り口の位置、用途の変遷、改築史などについて考証された。考証によって初期の設計方針が全面的に変更される場合もあった（図26）。

③設計論議・審議では、設計者の考えを最優先しており、具体的な提案や誘導は行わず、原形に対する解釈原理についてのみ議論した。そのため、保全や復元だけではなく、大幅な変更も幅広く提案された。設計に対する協議は大きく原形性と再解釈に分かれた。原形性においては、主に原形がわかりにくい部分をどこまで復元すべきかについて議論された。少しでもかつての形態が残って

図20　リノベーション前の「韓屋＆スパ」

図21　リノベーション後の「韓屋＆スパ」

図22　リノベーション前の「日本人訪問センター」

図23　リノベーション後の「日本人訪問センター」

いる場合は、それが最初の原形ではなく改修・改築された後のものであっても積極的に補修や復元を行うように誘導された（例：図24、25）。再解釈においても原形を何らかのかたちで継承することが前提となった。生活の利便性などのニーズに応じながらも、原形性やその名残をいかに残すかがポイントとなる。原形性を尊重しつつも、再解釈により新しいデザインを取り入れた案に対しては、多くの議論が出る中でも、最終的に肯定的な評価が得られた（例：図17、18、22、23）。近代景観を対象に協議型デザインづくりに取り組んだのは全国初めての試みであったため、外観のモデル性も求められた。対象建築物の中では町家の典型的な外観を取り入れた「日本軍慰安婦歴史館」（図24、25）が最も高い評価を得ている。

韓国・近代都市景観の再生手法

ハイブリッドな近代建築を対象とした大邱での近代都市景観の取り組みは繊細な手法で多様な主体によって進められたと言える。その再生手法について検討を行う。

(1) 近代都市景観を活かした地域再生手法──「リノベーション事業」

図24　リノベーション前の「日本軍慰安婦歴史館」

図25　リノベーション後の「日本軍慰安婦歴史館」

図26　リノベーション後の「ミックスカフェ・北城路」

は、近代建築を対象に景観まちづくりと地域再生という両方の観点から総括的に議論した新しい試みである。設計、建築史、都市計画、生活史など多様な分野の専門家による協議を通し、価値観の共有、運営方法の構築ができた。特に、客舎の復元予定地と重なっており、市民が手をあげていた敷地を事業の対象に選ぶほど、市民主体性による地域活性化を図ろうとしていると言える。

(2) 原形性の反映──保存や復元を基本とする伝統的都市景観のまちなみ修景事業とは異なっており、一部撤去など新しいデザイン案が取り入れられた。ただ、考証を通し明らかになった原形性を取り入れることが前提となっていた。ここでいう原形性とは建築初期の様式や姿だけではなく、生活する中で生じる改修・補修の後の様子など重層性も含む。

(3) 再解釈──当事業は考証に基づいた原形性の反映を前提としながらも、新しいデザイン案を幅広く取り入れようとした。具体的な設計案を誘導したり、論拠なく反対することはされていない。原形の残っていない場合は、生活のニーズに応じて新しいデザインも認めた。その結果、デザインは多様化し、それに対する議論も幅広く行われた。

(4) モデル性──当事業は韓国内で初めての試みであったため、モデルになりうる設計が求められた。協議では「モデル」「標本」「典型」などの話が何度も出ており、身近な将来、周辺地域への影響力も意識しており、典型的なデザインが最も高く

評価された。2015年度事業からはより幅広いデザインやチャレンジが見られている。

　北城路・近代建築物リノベーション事業は、これまで議論することすらタブーで、撤去か保存という個人の取り組みとしてしか進まなかった日式建築の近代都市景観を題材に、地域再生を図ろうとする取り組みと言える。まだ始まって3年ほどしか経過しておらず、今後はエリアとしての総括性と持続性をもつエリアマネジメント的な展開が求められるだろう。

註
★1　1900年代初期から1960年代まで建てられた建築の中、日本人によって建てられた木造建築あるいはその影響を受けた建築を日式建築と、西洋人によって建てられた建築あるいはその影響を受けた建築を洋式建築と、日本と西洋の両方からの影響を受けた建築を折衷式建築と定義する。

参考文献
☆1　まち文化市民団体『大邱・擇里志』ブックランド、2007年。
☆2　權サングほか『大邱・再発見——都市づくり、10年の軌跡と経験』国土研究院、2013年。
☆3　權サングほか『都市アーカイブ』国土研究院、2014年。
☆4　大邱広域市中区・住みたい都市づくり支援センター『2014年度北城路・近代建築物リノベーション事業白書』大邱市中区、2015年。
☆5　2014年度「北城路・近代建築物リノベーション事業」1次～6次審議委員会議事録
☆6　鄭一止「韓国・近代都市景観の再生手法に関する研究——大邱「北城路近代建築物リノベーション事業」を事例に」『都市計画論文集』日本都市計画学会、2016年。

case 10
リノベーションによる若者のまちなか居住促進
シェアフラット馬場川／前橋・日本

石田敏明

群馬県前橋市

　前橋市は北関東の南端に位置する人口34万人を擁する群馬県の県都であり、明治時代、生糸の集積地として栄え、わが国の近代化に大いに貢献した産業の歴史がある。また、詩人の萩原朔太郎や歌人の土屋文明を生んだ文化土壌がある、群馬県の「行政、文化、産業」の中心地であり（126頁図）、県内には2014年6月に世界遺産に登録された木骨煉瓦造の富岡製糸場がある。現在もJR前橋駅北口前には煉瓦造の倉庫群があり、往時の記憶を留めているが、駅周辺や中心市街地では空き店舗や空きビル、暫定的な駐車場利用となった空地が目立っており、地方都市の車社会ゆえの人通りの少ないまち風景が広がっている（図1、2、3）。

中心市街地活性化への取り組み

　前橋市の商業の中心である中心商店街は駅から徒歩10分程度の位置にあり、「Qのまち」と呼ばれる9つの商店街で構成されている。中心商店街では1960年代初頭からアーケード化が始まり、1980年代にはほぼ完成をみる。この間の高度成長期には首都圏の大手デパート系商業施設の出店が相次ぐが、バブル崩壊後の1990年代以降、これらの主要大型店舗が軒並み撤退し、中心市街地は急速な衰退化へと向かうことになる。市の歩行者交通量調査によれば、この20年間に10万人超から1.5万人へ急激な減少となっている。こうした背景を基に、市は商業中心地である4番街区・8番街区を核とした重点地区25ha（1999年）に加え、2011年には「人

左：前橋市中心市街地全景。手前のアーケードのある中央通り商店街と直行した緑道のある馬場川通りの交差点に「シェアフラット馬場川」がある

図1　アーケードのある中央通り商店街

図2　商店街に面した解体された店舗

図3　シャッターが降ろされた店舗

が活き、『都市の恵み』あふれる交流都心」を目指して、前橋市中心市街地活性化基本計画（2011~2016年）を新たに策定し、JR前橋駅北口周辺地区を含む約49haの区域を活性化区域に指定した。これを機に、市は2004年に閉店となった大型商業施設を買い取り、中央公民館やこども図書館等が入る複合文化施設「前橋プラザ元気21」（2007年開館）と現代アートの美術館「アーツ前橋」（2013年開館）にコンバージョンした。この周辺地域及びJR前橋駅北口周辺整備地域を含めた三つの地域核を中心とした歩行者回遊軸の形成を図るとともに、中心商店街と連携した文化とにぎわいのあるコンパクトシティを目指している。

「シェアフラット馬場川」のあるアーケードが架かった前橋中央通り商店街では以前から、空き店舗対策やイベントの開催などの活性化対策を熱心にやってきたが、次第にシャッターを下ろした店舗も増え、また、まちなかにあった高校の郊外移転も影響し、若者の人通りは激減していった。かつて中心市街地の商業の中心であった4番街区・8番街区周辺商店街地域の空き家調査（図4）と市街地

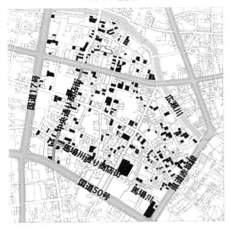 

図4 空き店舗マップ

周辺の大学及び専門学校のマッピングを2009年と2012年に行った。一部空き家（1階店舗、2階住居のいずれか）を含めると空き家は3年間で1.7倍に増加しており、商業中心に代わる提案が急務であった。

群馬県商店街活性化コンペ事業

前橋工科大学は1952年に前橋市立工業短期大学として発足し、1997年に現在の四年制大学として新設された、前橋市を設置者とする地元に根ざした公立大学であることから、行政や地元商店街との関わりは深い。それゆえ、まちなかでの課外授業の一部開催や大学サークルによる商店街へのイベント協力、共同研究や研究委託などに積極的に関与している。

前橋出身で在住の事業コーディネーター小林義明、商店街役員の有志、そして私たち前橋工科大学石田研究室（当時）が中心となり2012年に「前橋中心市街地再生LLP構想会議」チームを立ち上げ、標記のコンペに応募した。私たちは中心市街地の人口減少による空洞化対策、持続可能な都市形成を目指して、中心市街地を商業中心のまちではなく、「住むまち」と再定義して、既存ストックの活用と保全を行うことによるまちなか再生・活性化の提案を行った。応募に際して、過去の応募案と採択実

図6 「シェアフラット馬場川」プレゼンテーション用模型

図5-1

図5-2

績を調査すると、すべてイベント系で提案型は皆無であった。結果は、「構想や提案は高く評価できるが、実現可能性に疑問が残る」との理由で「優秀賞」であった。しかし、この受賞を機に、地元の新聞社数社に市街地活性化提案を高く評価され、記事に大きく十数回、取り上げていただいた（図5）。その後、チームによる中心市街地活性化をテーマとした市民参加型のシンポジウム「『ハコ』から『コト』へストックを生かしたまちなか居住を考える」（図6、7）を開催するに至り、市民レベルでのまちなか居住への関心が徐々に高まってきた。こうした状況を踏まえ、より具

体的かつ実現可能性を目指して、翌年、2013年4月に有限責任事業組合（LLP）「前橋まちなか居住有限責任事業組合」を設立し、再び前掲のコンペに応募した。今度は1年間の活動や実現可能性が高く評価され、「最優秀賞」を受賞でき、実現への一歩を踏み出せた。

「前橋まちなか居住有限責任事業組合」（MMKLLP）の設立

「群馬県商店街活性化コンペ事業」の応募を機に、事業の実現を目標に、「前橋まちなか居住有限責任事業組合」（以後、MMKLLP）を「前橋中心市街地再生LLP構想会議」の当初メンバー数名で組織し、2013年4月に主な業務を学生向けシェアハウスの管理・運営として登記した。

LLPとは、Limited（有限）、Liability（責任）、Partnership（共同組合）の略であり、「有限責任事業組合」を指す。つまり、ベンチャー事業など事業を営むため個人や法人が共同で出資し、出資額に応じて責任が限定される。イギリスのLLPに倣って日本版LLPでは経済産業省などが中心となってつくった「有限責任事業組合契約に関する法律」（LLP法）に基づ

図7-1　シンポジウムのリーフレット（表）

図7-2　シンポジウムのリーフレット（裏）

case 10　リノベーションによる若者のまちなか居住促進　　131

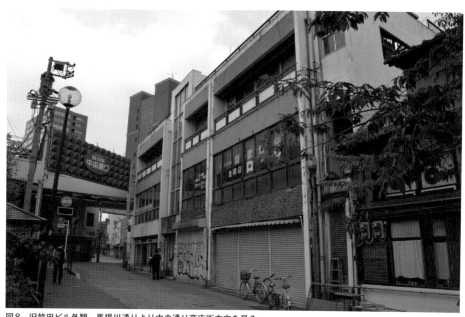

図8 旧竹田ビル外観。馬場川通りより中央通り商店街方向を見る

いて2005年8月1日に施行された新しい事業形態であるが、①有限責任制、②内部自治の原則、③構成員課税、④業務執行への全員参加、⑤法人格を持たないなどの特徴がある。

事業資金の内訳は組合員（個人、法人）による一口50万からの出資金（30%）、商店街役員による個人貸付金（30%）、日本政策金融公庫（30%）からの出資金及び融資金と行政からの助成補助金（10%）である。MMKLLPは法人格がなく、無担保であることから民間金融機関からの融資は不可能であり、資金調達には時間を要し

た（日本政策金融公庫は100%政府出資の金融機関であり、「地域に根ざした活動を展開し、もって地域経済を支える国民一般、中小企業者及び農林水産業者の活力発揮への支援に取組むとともに、雇用の維持・創出など地域の活性化に貢献する」機関である）。

「シェアフラット馬場川」の誕生

学生たちと対象候補となる、まちなかの空きビルを調査し、前述した立地条件により計画対象物件を選定した。旧竹田ビルは中央通り商店街と馬場川通り商店街の南西角地に位

置し、近くには「アーツ前橋」、「前橋プラザ元気21」の文化施設や金融機関、市役所・県庁などの行政機関があり、利便性の高い立地条件にある。1969年竣工の鉄筋コンクリート造3階建ての雑居ビルには、かつては店舗や喫茶店、手芸教室、オフィス等が入っていたが、2000年前後から空きビルとなり、かなり荒廃していた。また、ビルオーナーは東京在住で親からビルを相続していたが、前橋市との関わりは薄く、固定資産税を払い続けていた（図8）。そこから、商店街の協力を得て賃貸交渉を行い、事業が動き始めた。

空きビルを資産と捉え、積極的に再生・利活用するため、ビルオーナーからMMKLLPが1棟借り上げ、学生専用シェアハウスへ用途変更することにしたが、建設当時の図面は入手不可能であったため、研究室の学生の協力を得て実測し、図面化した。建築基準法上は用途変更であること、既存不適格建築（本件の場合は1981年以前の竣工建物であるため、現行の耐震構造基準を満たしていなかった）であるため、用途変更に対して確認申請の提出義務が生じたため、市の建築指導課との協議を重ねたうえ、

図9　学生たちによるペンキ塗りワークショップ

所属大学の構造信頼性研究室（高橋利恵教授）の協力を得て、耐震診断と一部耐震補強を行った。

改修工事では学生や商店街の有志、まちづくりの市民集団「前橋ケンチク部」などが参加して、室内のペンキ塗りワークショップを行った。改修工事は2013年11月に着工し、2014年2月に竣工した。「シェアフラット馬場川」にはこうした作業の痕跡と記憶が刻まれている（図9）。

計画概要とデザインの特徴

用途変更によるプログラムは1階がテナント2軒と入居者用の駐輪場、2階〜3階がサロン、浴室、ランドリー、トイレなどの共用スペースと個

図10　中央通り商店街より「シェアフラット馬場川」を見る

図11　中央通り商店街と馬場川通りに面した2階サロン

室11室からなる学生専用シェアハウス（寄宿舎）の複合用途施設として計画した。用途変更上の規制もあり、建物外形と延床面積には手を加えていないが、外壁塗装と1階の一部に新たに耐震壁を設けている（図10）。

予算が限られているため、基本的には既存の天井材、壁材、床材をすべて撤去し、コンクリート躯体現わしのスケルトンとしたうえで、最低限必要な間仕切りを設置している（図11、12）。それゆえ、室内は物理的に以前より気積は大きく、空間的に豊かになった。特徴的なのは個室の界壁を遮音シートとウレタンチップと布（防炎・防汚加工済）で構成した弾力性のある「柔らかい壁」とし、閉鎖的な個室の集まりではない隣室同士の気配を感じることができる関係を目指した。また、コンクリートの「荒々しさや固さ」と布の「滑らかさと柔らかさ」を対比させることで素材の触覚性と多様な表現を試みた（図13）。

「シェアフラット馬場川」の生活

2014年3月から入居が始まり、現在、「シェアフラット馬場川」の1階テナントには物販店とまちづくり会

図12　2階廊下。配管が現わしになっている

図13　個室。柔らかい遮音壁は住人によって様々にカスタマイズされている

case 10　リノベーションによる若者のまちなか居住促進

図14　FM放送局出演風景

図15　商店街のイベントに参加

図16　廃材を利用したアートワークショップ

社が入っている。学生寄宿舎の入居者は専門学校生から大学院生まで年齢や専攻分野の異なる男女学生たちが混ざり合い、自主的なルールの下で運営、生活している。また、ほとんどの学生は市の2年間限定の家賃補助制度を利用し、自治会や商店街の活動やFM放送局出演など、積極的にまちと関わっている（図14、15、16）。

「シェアフラット馬場川」ではMMKLLPの組合員と入居者の学生たちと定期的に親睦会を開いている。例えば屋上でのバーベキュー大会や外国人アーティストを招いてのワークショップのアート展示などを通して商店街や市民の人々との交流が広がっている。まちのストックを生かして再生した建物を見ながら、通りすがりの市民の方から声をかけられことも珍しくない。夜7時には暗くなる商店街通りに深夜まで明かりが漏れる「シェアフラット馬場川」は、まちなかに住む安心感と安全性のシンボルとしての灯台になりつつある。

「前橋モデル」の効果とこれから

本プロジェクトはまちなかにある空き店舗や空きビルをまちの資産と

して捉え、「まちなか居住」へ用途変更することでまちを活性化し、中心市街地を「住むまち」として再定義し「前橋モデル」と名づけた。結果、学生がまちなかに住むことで新たなニーズの発掘、学生のまちづくりの関心とさまざまなコミュティ活動を通して地域の人々との交流が生まれている。私たちは地域に根ざした大学、行政（まちづくりの支援制度）、「アーツ前橋」、「前橋プラザ元気21」などの文化的で世代を超えた活動がネットワークをつくり、連携することで継続的な中心市街地の活性化につながると考えている。「シェアフラット馬場川」の竣工後（2014年2月）、地方新聞や建築専門雑誌などさまざまなメディアに取り上げられた。その効果もあって、その後、市には空き店舗や空きビルをシェアハウスに用途転用したいという相談が10件ほど寄せられている。竣工して2年半になるが、2015年には新たなコンバージョン型のシェアハウスがまちなかに誕生している。現在、「シェアフラット馬場川」のある中央通り商店街は約60軒弱の店舗数で構成されているが、空き店舗数は2013年12月時点で7店舗、その後、徐々に回

図17　2016年8月3日、ヤマダグリーンドーム前橋アリーナで開催された「前橋ビジョン発表会」

復し、2017年5月には2店舗となる予定であり、空き店舗問題はほぼ解消される見通しである。また、前橋市は2016年2月から「都市魅力アップ共創（民間協働）推進事業」として「前橋ビジョン」というホテル・飲食・和菓子・カフェ・教育・農業などの各事業プロジェクトの同時進行により、50～100年後のまちづくりの未来をつくるプロジェクトが全国から移住者や旅行者、海外からの観光客に魅力的なまちづくりを目指して、全国の地方都市に先駆けて動き始めている。

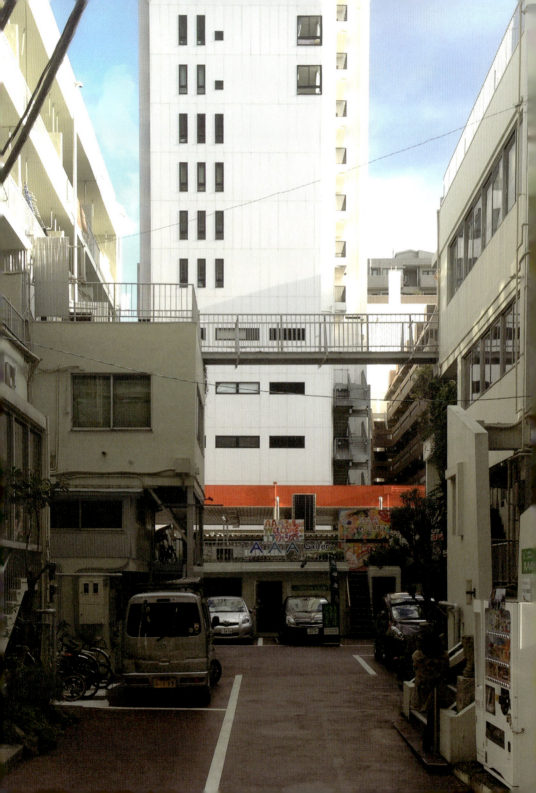

case 11
まちの基点としてのコア・ビルディング
防火帯建築群／横浜・日本

中井邦夫

　レトロでモダンな港町というおしゃれなイメージが先行しがちな横浜だが、実はそのわずか150年余りの歴史のなかで、関東大震災と戦災から2度も立ち直った復興都市でもある。とくに後者では、戦災に加えて7～8年にわたる米軍接収という二重苦から再復興を成し遂げたのだが、その復興計画では、現在の横浜の街並みの基層をなす、通り沿いの都市建築群が大きな役割を果たしたことはあまり知られていない。それが「防火帯建築」と呼ばれる、1950～60年代のモダンビル群である。本章では、現在でもなお横浜の都市空間の骨格をかたちづくっているこれらの「防火帯建築」を通して、近代建築遺産を活かしたアジア都市再生の可能性の一端について考えてみたい。

防火帯建築とは？
　「防火帯建築」とは、戦後1952（昭和27）年に、都市の不燃化を目的に制定された「耐火建築促進法」に基づいて、中心市街地内の主要な通り沿いに建築された、耐火建築群による「防火建築帯」を構成する個別の建物のことである。同法では、その建物規模を地上3階建て以上、奥行きは当時の沿道防火地域指定に合わせて11m（約6間）以上と具体的に規定し、また国が助成金を交付することも定められ、複数の所有者共同によるビル（長屋）の建設が推奨された。こうした施策により、全国で80を超える都市に防火建築帯が造成された。

　防火建築帯が建築的、都市計画的に重要な理由は、それが単に防災の

左：徳永ビルの中庭

図1　横浜市防火建築帯造成状況図、1958年3月

図2　横浜防火帯建築模型［☆1］

ためだけではなく、むしろ新しいまちづくりの試みであったからである。とくに、現在よく見かける公開空地と箱型あるいはタワー型建築の組み合わせではなく、欧州の伝統的な沿道型、街区型建築に近い形式がつくりだす独特な都市空間や、区分所有法もなく大手デヴェロッパーもいない時代に、行政による財政誘導によって市民による共同建築を促す手法、大学の研究者や建築家が関わった官民学の協働など、野心的な様々な試みが実践され、今もなお全国各地にその多くが残されていることは、注目に値する。災害や戦災に悩まされてきた日本において、こうした防火

建築帯は、戦後の都市の骨格をかたちづくってきた、画期的な復興プロジェクトであり、知られざるユニークな都市建築運動だったのである。

その代表的な事例としては、大火からの復興のため同法適用第一号として建設された鳥取市若桜街道や、当時日本建築学会賞を受賞した静岡県沼津市のアーケード名店街、長大な規模と統一感あるデザインで知られる富山県魚津市の中央通り名店街などが挙げられるが、これらの防火建築帯が、主要な通り沿いの「線的」な計画であったのに対して、横浜中心地区の防火建築帯は、約100〜200m四方の街区を囲むように、いわば「面的」に計画された点に特徴がある（図1、2）。当時の文献によるとハンブルクの復興計画が参照されたとあることからもわかるように、欧州の伝統的な都市によく見られる街区型建築による、新たな横浜の都市像が描かれたのである。さらに横浜では、戦災と接収によって都心から流出した人々を呼び戻すために、民間の店舗付き住宅と県公社賃貸アパートが複合した「公社共同ビル」の建設が進められ、住商、住業近接のまちづくりが目指されたことも特徴

図3　吉田町防火帯建築群 配置図

図4　吉田町本通り空撮［☆11］

の一つと言える。横浜で指定された防火建築帯総延長37kmのうち、実現したのは3割にも満たない9km程度に留まったが、棟数にすると約500棟の防火帯建築が建てられ、今もその約半数が現存するとされる。横浜中心部の馬車道や弁天通り、伊勢佐木町、福富町、長者町通りなどに残る、これらの防火帯建築群を観察して気づくのは、それらが現在もなお都市空間を特徴づける主要な役割を果たしていること、また将来的にも、

case 11　まちの基点としてのコア・ビルディング　　141

図5　吉田町第一名店ビル

図6　1961年以前の吉田町本通りと第一名店ビル［☆2］

それぞれのまちの空間を形成するうえでの基点＝コア・ビルディングとなり得る可能性を秘めていること、さらに一般論的には、今後の都市建築のあり方を示唆する重要なヒントを含んでいることである。以下では、いくつかの事例を通して、主に街並みとにぎわい、オープン・スペース、持続性といった視点から、その可能性について考えてみたい。

街並みとにぎわいのコア
――吉田町の防火帯建築群

　横浜のなかでも、典型的な防火建

築帯らしい街並みを体感できる場所の一つが、JR関内駅そばの吉田橋交差点から西へ続く吉田町本通りである（図3、4）。ここには三つの街区、全長約200mにわたって防火帯建築4棟が建ち並ぶ。これらのうち吉田橋側から一番手前に見えてくる赤い建物が1957年竣工と最も古く、かつ最も規模の大きな吉田町第一名店ビル（別名第一共同ビル）である（図5）。1、2階には施主10者（14名義）の敷地割りに合わせて店舗付き住宅が並び、3、4階に県公社のアパートが載る公社共同ビルである。南向きの裏通り側は、1階に上階アパートへのアクセス階段や店舗裏口、上階には各住戸の窓やバルコニーが並び、生活感溢れる立面となっている。この第一名店ビルの西には、民間の第一吉田ビルと吉田町第二共同ビルが一体化して連なり、さらに西隣りの街区には、鋭角の端部が特徴的な第三共同ビルが続く。こうした公社共同ビルが連なる街並みは、戦後復興期の横浜独特の街並みを今に伝えるものとも言え、歴史的価値も高い（図6）。なお第一名店ビルは1957年に神奈川県と横浜市から優良建築物表彰を受けている。

図7　吉田町まちじゅうビアガーデン、2013年8月［☆8］

　一般に共同所有の建物は所有者の意見集約が難しく、老朽化やスラム化が進行しやすいが、吉田町の防火帯建築群は、リノベーションや活性化が成功し、にぎわいを取り戻しているモデルケースとしても注目されている。低層部では、建築設計事務所が運営するライブラリー・カフェ、2階店舗住居を改装した若手アーティスト向けシェア・ハウス、1階店舗を改造した演劇スタジオなど、メゾネット形式の店舗や、2階への独立アクセス等を活かした様々な活用法が試みられている。これらのほか、1階には雰囲気の良いバーやレストラン、カフェ、画廊なども入居している。こうした個性的なテナントが集まるきっかけの一つに、横浜市芸術文化振興財団などによる公的な助成

図8　徳永ビル

図9　徳永ビル 配置図

図10　徳永ビル 断面図

金制度がひと役買っていることも重要である。耐震性能に不安も残るものの、そのぶん家賃を抑えてテナントのニーズに対応している。さらに、オーナーやテナントが協力し合うかたちで、15年ほど前から吉田町本通りを中心に、春の「吉田町通りアート＆ジャズ・フェスティバル」(2000年～)や夏の「吉田町まちじゅうビアガーデン」(2009年～)(図7)、「吉田町毎週アート市」(2012年～、毎週土曜日)などといった多彩なイベントを継続的に開催し、通りのにぎわいを生み出している。またこれらのイベ

ントや地区内のお店を紹介するWEBサイト「ヨコハマ関外吉田町」が町内会によって作成されている。こうした活動の結果として通りのイメージも向上し、上層階のアパート運営にも良い効果を与えている。これらの試みが評価され、商店街の吉田町名店街会は、2013年度に横浜市から、「横浜・人・まち・デザイン賞（まちなみ景観部門）」を受賞している。

都市のオープン・スペース・コアとして
—— 山下町・徳永ビル

吉田町の防火帯建築群は、通りに長く沿う防火建築帯の特徴を活かしたまちづくりの好例であるが、実は防火帯建築の可能性はそれだけではない。奥行き11m程度の建物背後の街区内には、中庭や通路、低層建物の上空などといった、大小様々なオープン・スペースがつくりだされている事例が多く、魅力的な都市空間を形成し得る可能性を秘めているのである。

たとえば山下町の徳永ビル（1956年竣工）（図8、9）は、大通り沿いの公社共同ビルと、背後に離れて数年後に建てられた別棟（車庫とアパート）との間に中庭が設けられている（図

図11　中庭に面した店舗やテラス

10、138頁図）。この中庭は、主に両棟の上階アパートへのアクセス空間や駐車スペースとして使われているが、中庭に面する別棟の1、2階には、雑貨屋やアート・ギャラリー、レンタル・ショップなどが入居し、中庭奥の小さな階段を上ると、低層部の屋上テラスを介して、別棟2階の店舗まで行けるようになっている（図11）。このように中庭は、外部からの訪問者も出入りする、いわばセミ・パブリックなオープン・スペースでもあり、雑貨やアンティークのフリーマーケットが開かれるなど、まちの広場としても利用され、人々からは「TOKUNAGA RETRO GARDEN」とも呼ばれている。

規模や使われ方は違えども、こうした街区内のオープン・スペースを有する防火帯建築は、まだ数多く残

図12　1961年頃の福富町の街並み［☆2］

図13　早川他共同ビル

図14　早川他共同ビル　配置図

されている。またそれらのオープン・スペースには、建物の規模や形状、敷地条件や周辺環境の違いによって、それぞれ個性的なキャラクターがつくりだされていることも面白い。徳永ビルの例は、これらのオープン・スペースが、パブリックな街路から緩やかに隔てられた、街区内のセミ・パブリック、あるいはセミ・プライベートな領域を多彩につくりだし、奥行きと襞のある都市空間を形成し得ることを示している。また、これだけ多様な種類の建築物が混在する現代の都市においては、これらの細かな外部空間が、密集して隣接する建物間の干渉を緩和したり、都市建築には必要不可欠なバック・スペースを供給するなど有効に働くことも証明している。さらに防火建築帯のように、中小規模の建物が連携し、集合することによって、都市空間全体を構成していくあり方は、都市活動の変化に対する部分的な対応や更新を可能とする柔軟性も有する。こうした様々な特徴は、近年一般化している公開空地を伴う箱型やタワー型の都市建築モデルにおける、孤立的、硬直的なあり方とは対照的な可能性を秘めている。このように、

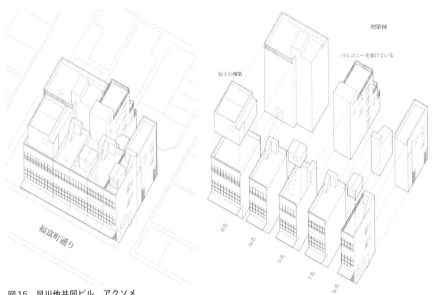

図15　早川他共同ビル　アクソメ

残された防火帯建築のオープン・スペースは、積極的に都市空間の一部として活用し、周囲の通りや建物との関係を再定義することによって、地域の核となり得るポテンシャルを秘めているのである。

持続する都市のコアとして
──福富町・早川他共同ビル

伊勢佐木町の西隣りにある福富町は、当時できたばかりの建築協定を適用して防火建築帯による統一的な街並みがつくられた画期的な事例である（図12）。大きく張り出したキャンチレバーの庇が続く独特の街並みは今でも健在であるが、そのなかに当時の福富町復興事業の中心人物でもあった早川氏を含む個人オーナー5名による共同長屋ビルが建つ（ビルの固有名はないので、ここでは仮に「早川他共同ビル」とする）（図13、14）。鉄筋コンクリート造3階建ての建物の内部は5者の所有範囲ごとに完全に区画されている、いわゆる典型的な「コンクリ長屋」である。表通りから見た外観は特徴的な水平連窓をもつ、モダンでシンプルなビルであるが、裏側にまわると様相は一変し、所有者の区画ごとに低層部や増築部分が無秩序に並んでいる（図15）。一

case 11　まちの基点としてのコア・ビルディング

図16　弁三ビルとマンション

般に防火帯建築の各所有者の敷地は、間口が狭い一方奥行きが深く、防火帯建築は通常これらの敷地を道路沿いで串刺しにするように横長に建てられるので、その背後の余りの土地でこのような、いわば「タコ足」状の増築が起こるわけである。ちなみに都市計画史的には、こうした状況は街区内の混乱と受け取られ、その後の「防災建築街区造成法」（1961年）のように、街区全体の開発へと移行するきっかけともなった。しかし一見混乱と見えるこうした様相は、少し違った見方をすれば、都市活動の変化や用途の更新に柔軟に対応し得た結果とも言える。考えてみれば都市空間は、ある一時点でなく、過去から現在、未来へと続く時間の持続性を含みこむものでなければなら

ない。何もかもがきっちり計画されてしまった環境にいると、ふと息苦しく感じたりするが、その一方で、前節で述べた街区内のオープン・スペースや、早川他共同ビルに見られるような建物背後の雑多な様相が、一見混乱のようでありつつも、見ていてなぜかユーモラスで親近感がわくのは、長い時間のなかでの都市の変化や更新に対応するゆとりと逞しさを感じるからではないだろうか。福富町の防火帯建築群は、都市建築には将来の持続性を担保する、こうしたゆとりと寛容さが不可欠であることを教えてくれる。

次世代の都市建築へ

防火建築帯建設の根拠となった耐火建築促進法はわずか9年間で廃止され、その後の都市政策は街区全体を一括して開発する方向へと転換された。その結果、近年の都市建築は、沿道に公開空地をもつマンションやオフィスビルなどといった、単一用途の大型建築による街区単位の大規模開発が主流となった。そのような現代の都市のなかで、現在も残された防火帯建築を改めて見てみると、それらが、通りやまちのにぎわ

いを再生し、より多彩で奥行きのある都市空間を形成し得るヒントを与えてくれるように思われる。念のために書くと、別に筆者は街全体に防火建築帯を復活させるべきだと唱えたいわけではないし、むしろ新旧の多様な建物が混在している状況が現代の都市としては自然だと考えている。そのうえで防火帯建築に注目するのは、それらには上述したように、街並みとにぎわい、オープン・スペース、持続性などといった多様な側面において、周囲の建物や外部空間との関係を調整し、連携をつくり出す可能性が見出せるからである。実際、防火帯建築背後の中庭が、周囲の建物との間隔を保ったり、隣接する空地とつながってより大きな街区内のオープン・スペースをつくりだす例も見られるし（図16）、そうした空間が、設備置場やサービスヤードの役割を担うことで建物の持続性を担保したり、表側の美しい街並みを保つことにも寄与している。都市空間とは、具体的にはこうした隣接し合う建物群やオープン・スペースの連なりである。本章で防火帯建築を都市のコア・ビルディングと呼んだのは、それらがこうした連なりの核や基点となり、周囲の建物や外部空間を有機的に関係づけ得る可能性を秘めているからである。そしてそのことは、次世代の都市建築へ受け継いでいくべき重要な条件であるように思われる。

参考文献
☆1　日本建築学会編『店舗のある共同住宅図集』1954年8月。
☆2　横浜市建築助成公社『火事の無い街』1961年。
☆3　『神奈川県住宅供給公社20周年記念誌』1971年。
☆4　『横浜市建築助成公社20年誌』1973年。
☆5　『横浜市建築助成公社創立30周年記念誌』1983年。
☆6　アーバンデザイン研究体『横浜関内関外地区防火帯建築群の再生スタディブック』2009年3月。
☆7　神奈川県住宅供給公社『横浜関内地区の戦後復興と市街地共同ビル』2014年。
☆8　藤岡泰寛「横浜の防火帯建築と戦後復興」WEBサイト、2013年8月〜。
☆9　拙著「横浜の防火帯建築における空所の構成」『日本建築学会計画系論文集』708号、日本建築学会、2015年2月、323-330頁。
☆10　BA編集部（神奈川大学中井研究室内）『BA／横浜防火帯建築研究』2015年2月〜。
☆11　「Google Earth」

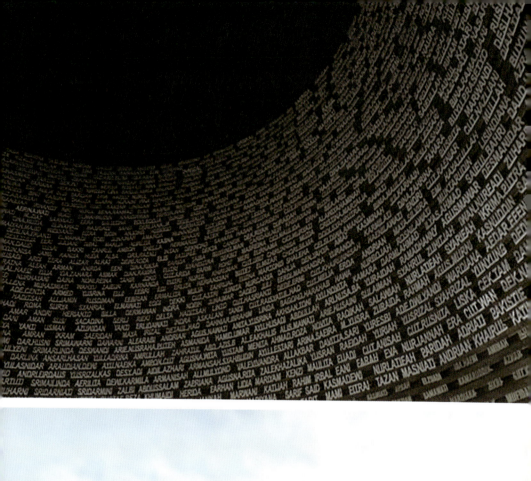

case 12
ダークツーリズムによる復興
津波被災地／アチェ・インドネシア

長谷川日月

スマトラ沖地震による被害と復興計画

インドネシアのスマトラ島北部に位置するアチェ州（首都アチェ）は、2004年12月26日に発生したスマトラ島沖地震による津波被害で20万人以上の死者・行方不明者を出した。被災から10年を経て、まちは急速に復興を遂げている。沿岸から3km以上離れた内陸まで到達し甚大な被害をもたらした津波の記録と記憶を後世に引き継ぐべく、津波によって内陸部に流された発電船や漁船、航空機などを流れ着いた場所にそのままの状態で保存して観光地化したり、新たにモニュメントを建設して市内に点在させ、町全域にわたり災害を風化させない政策を行っている。現在では、これらの遺構を国内外の観光客向けに津波教育展示施設等として整備を行い、複数のNGOや地元活動団体が連携して継続的な防災教育活動やダークツーリズム的視点での観光客の受け入れに力を入れている。

アチェ独立運動

アチェは、人口の9割近くがイスラム教徒のインドネシアのなかでも特にイスラム教への信仰が深い地域として知られている。それゆえに、津波は"天災"として、かつ"神の与えた試練"として解釈されるという、敬虔なイスラム教徒が多数を占める地域ならではの災害の捉え方が特徴的である。第二次世界大戦後から続く中央政府とアチェ独立派との内戦は、津波がもたらした未曾有の被害を契

左上：津波で行方不明になった方々の名前を展示した津波ミュージアム
左下：津波で内陸部に流れ着いた飛行機を保存展示したモニュメント

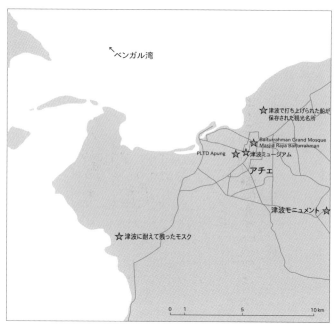

アチェ周辺図

機に軍事警戒令が解かれて外国人の入域が可能になり、国際社会からの圧力の影響を受けて、30年以上に及ぶ長い紛争状態が終焉を迎えた。スマトラ島最北端に位置するアチェは、インドネシアが国家として成立する1949年以前から地理的にアラブ圏の影響が大きく、厳格なイスラム教徒によるアチェ王国としての歴史が長い。1800年にオランダ領東インドによる植民地時代が始まり、1942年に日本軍の占拠を経て、1949年にインドネシアが国際的に承認されるまでの間、アチェ王国は一貫して植民地化に反対を続けており、インドネシア独立の際にも中央政府との合意には至らず、凶悪犯罪が常態化した日常風景は映画の題材になったことで記憶に新しい（『アクト・オブ・キリング』2014年）。予想外の展開で紛争状態を解決する契機となった津波は、内戦の歴史とともに被災者に語り継がれている。

ダークツーリズムによる復興

マーケティング・ディレクターの

アチェ

Rahmadhani 氏（Ache Culture & Tourism Agency, Ache Government）によると、スマトラ島沖地震での津波の経験を通して得た知見を生かし、同じ災害リスクをもつ国際社会や後世に今回の教訓を伝えるために、津波に対する知識や災害リスク軽減対策について学ぶ「津波ツーリズム」を企画し、ダークツーリズム的視点で市内に点在する津波の遺構拠点を巡るツアーを行っている。ダークツーリズムとは、災害被災地や戦争跡地など、歴史的な悲劇が起きた現地などを観光地に見立て、記憶の風化を防ぐ目的で巡るツーリズムのことである。世界の事例では、チェルノブイリ原子力発電所（ウクライナ）やアウシュビッツ強制収容所（ポーランド）などがその代表例である。アチェの住民にとっては、津波被害による大災害であると同時に、長い内戦の歴史の終焉とも重なり、復興と平和が同時に訪れるタイミングで、州としての一大産業として力を入れている。具体的には市内の広範囲に点在する津波メモリアル施設をチェックポイントとして

津波ミュージアム

巡るツアーである。それぞれのポイントは津波によって内陸に流された船であったり、避難タワーを兼ねた防災教育拠点施設であったりと様々である。

津波ミュージアムの建設

アチェは、世界延べ54カ国から受けた国際支援約61億ドルで再建を行った。その記録と津波の経験から得た知見を後世に伝えていくために、2011年に津波ミュージアムをオープンした。建設にあたり、インドネシア国内の建築家によるオープン・コンペティションが行われた。ミュージアムは三つの異なる部門で構成されている。エントランス部分は津波の体験を再現した暗闇の空間であるここを抜けて、被災者への"鎮魂の場"に向かう。その後、次世代への教育のための震災・津波に関する体験型資料展示、災害時に4000人を収容できる避難所へと向かう順路となっている。4層＋屋上の施設で、建築自体が1層分ピロティで持ち上げられて津波を受け流す構造になっている。今後は津波被害に関するアーカイブ機能を充実させていく方針であ

津波被災直後を再現した模型

る。インドネシア国内からの年間来館者数が初年度の20万人から現在では年間40万人を超え、国外来場者数は年間2万人を超えている。特に教育部門では、実際に生存者と向き合って当時の話を聞くことができるスペースがあり、アチェで被災した生存者自らがアーカイブ機能として参加し、来訪者に体験を語り継ぐ仕組みができている。ここで挙げたような、体験を風化させない仕組みは、"津波"という単語が存在しなかった被災当時のアチェ市民による反省が大きな原動力となっているという。アチェとは別のスマトラ島西方の島では"SMONG"（インドネシア語で"津波"の意味）という言葉があり、1907年の大津波での経験から学び、「地震が来たら高いところに逃げろ！」というストーリーをいくつもの歌や詩にアレンジした民間伝承が残っており、スマトラ島沖地震時の津波被災者を数名にとどめた。日本の東北地方に伝わる"津波てんでんこ"と同じ口承スタイルをベースに、多様なメディアに翻案された実践的な活用が効果を生んだ。

津波で内陸5kmまで流された元発電船

発電船内部は被災時の状況や地震のメカニズムを学習できる展示室になっている

発電船屋上からアチェを一望できる

The Stranded ship

　津波ミュージアムの他にもアチェ市内に点在する津波関連施設がある。そのうちの一つは、発電船として使われていた船を津波に関する資料展示施設「The Stranded ship」に改修したものである。当時、内戦の影響で中央政府からの電力供給事情が不安定だったため、アチェ州独自に電力を自給するため、沿岸に発電船を停泊させていた。この船が沿岸から内陸側5kmの地点まで津波に押し流されたものを、流された場所にそのままの状態で保存して観光資源として活用している。発電船の周辺は公園として整備され、公園内には半壊の状態で保存された住宅や、到達した津波の高さを再現したモニュメントなどが配置されており、甲板からは市内を一望できる。2013年には船内を教育展示施設として改修し、津波に関する映像資料や当時の写真などの展示を行い、多国語表記のパンフレットを用意するなど、国内外からの観光客を意識した整備を進めている。これらの活動は被災した住民自らが行い、地域資源として活用するとともに地域の雇用促進にも貢

一時避難所として利用されたモスク

モスク1階の被災状況を一部保存展示している

献している。

モスクの果たした役割

被災時にモスクの果たした役割は大きい。モスクは、1階がピロティのようになっている構造のものが多く、周辺の建物のほとんどが津波に流されたエリアでも津波を受け流し、倒壊せずに多くの人命を救った。1日に5回礼拝を行うことも少なくない市民にとって、モスクが市街地からアクセスしやすい平地に立地しているため、高台に逃げ遅れてモスクを目指して集まった多くの人の命を救い、その後も避難所として活用するべく整備を進めている。多くのモスクがそうしたように、市内中心部に位置するBaiturrahman Grand Mosqueも、被災直後は宗教の如何を問わず多少の宗教的儀礼も廃したうえで、多くの人に開放した。インドネシア地域に残る相互扶助システム（インドネシア語で「ゴトン・ロヨン」）の慣習が根強く残るこの地域ならではの対応である。現在ではこの経験を生かし、モスクの外周に避難階段を増築して屋上への避難経路を確保するなど、モスクを避難施設として利用するための改修を行っている事例も多く見られる。

Ach thanks the world "Memorial Park"

復興支援を受けた54カ国への感謝の意を込めた石碑と津波を模したモニュメントや、漂流物として流れ着いた航空機を災害の象徴として据えたメモリアルパークをまちの中心部の市民の利用頻度の高い公園内に据

モスク周辺の被災直後の様子を展示したパネル

市内中心部にあるモスク

支援を受けた国の言葉が刻まれた記念碑

高台の方角を示すサイン

まちに点在する津波モニュメント

えている。市民が日常生活において気軽に触れ合える憩いの場になっている。公園内の遊歩道沿いに点在する船型のモニュメントには、支援を受けた国の国旗と感謝の言葉がその国の言葉で刻まれている。

　アチェの被災者の多くは海沿いに住んでいた漁民であり、沿岸から離れた再定住エリアに住むとなるとこれまでどおり生計を立てることは難しい。東日本大震災の被災地においても漁業と居住地は表裏一体の関係にあり、地理的条件の異なるアチェにおいても産業の崩壊は問題視されている。アチェは、被災地を観光地化してダークツーリズムとしてパッケージ化することで、新たな地場産業としてまちを復興していくビジョンを提案している。世界各地で自然災害に対する関心が高まるなかで、同じ災害リスクを抱える国や地域との教育・防災的視点での連携を深めることにより、まちの復興と同時に新たな地場産業としてのダークツーリズムを確立することが目指されている。被災地＝災害先進国として、アチェから学ぶことは多い。

PART III

脆弱街区の持続的再生

case 13

アーティストと住民の対話による不法占拠村の再生

トレジャー・ヒル・アーティスト・ビレッジ／台北・台湾

荘亦婷　[監訳：楊惠亘、山家京子]

　トレジャー・ヒル・アーティスト・ビレッジは、台北市公館地区と新北市に渡る福和橋との間にある小さな丘の宝蔵巌地区に位置しており、台湾で初めて「歴史建築（登録文化財相当）」に登録された聚落である[訳註]。

歴史

　宝蔵巌地区の歴史は、中国大陸の漳州と泉州（福建省）から移民がやって来た清時代に遡る。移民たちはこの独特な場所に居を構え、後にこの周辺の宗教の中心となる観音亭という寺院を築いた。この寺院は現在「宝蔵巌」と呼ばれている。

　日本統治時代、宝蔵巌地区は水源地として保護地域に指定されていた。日本軍はこの区域に要塞と兵器庫を建設した。今日、訪問者が村の入り口で最初に目にするいくつかの建物は、かつての軍需工場で後に民家として使われていたものである。

　1938年に国民党が台湾を接収した後も、宝蔵巌地区は対空防御のため軍に占領されていた。しかし、既存の宿泊施設が十分ではなかったため、兵士たちは自分たちの住居を、川沿いで調達できる資材や付近に捨てられた廃棄物で違法に建て始めた。この有機的な建物のスタイルが、現在のトレジャー・ヒル・アーティスト・ビレッジの骨格を形成したと言えるだろう。

　1950～70年代の20年間、台北市の人口は急激に増加した。軍は宝蔵巌地区から撤退し、福和橋の完成により宝蔵巌地区へのアクセスが容易になった。その結果、安い宿泊場所

左：現在の宝蔵巌地区

図1 トレジャー・ヒル・アーティスト・ビレッジの位置図。中央右が宝蔵巌

図2　日本統治時代の宝蔵巌

図3　1980年代の宝蔵巌地区

を求めて多くの人々がこの地に移り住んできた。すなわち、以前からここに住んでいた老兵たち、町の外から移住してきた新たな移民、学生たち、そして老兵に東南アジアから嫁いできた女性たちである。このようにしてこの地のコミュニティは最初の6世帯から200世帯にまで拡大した。宝蔵巌地区は、時間、空間および文化の真のるつぼとなっていった。

　台北市が成長し発展するとともに、宝蔵巌地区のコミュニティは合法性という課題に直面することになる。政府は立ち退きを要求したが、数多くの非政府組織、学術団体、学生や住民たちが、この地区の歴史性と政治的重要性を評価し、この独特な地区の保全のために闘ったのである。息の長い交渉と和解の過程を経て、最終的にこの地区は破壊されることなく保全されることになっ

た。今日、宝蔵巌地区は保全された歴史的コミュニティであり、アーティスト・イン・レジデンスの芸術村であり、また観光客の宿泊施設として、異なる属性をもった人々の交流を促すプラットフォームを提供している。

建築スタイルとコミュニティ形成

日本統治時代から宝蔵巌地区は建築が禁止された保護地区として指定されていた。50年代、この区域における建物はわずか約20軒で、その大半は木造か石造であった。建て増しはすべて違法なもので、住民は外から少しずつ建材を持ち込み、また川岸にある石材を集めて利用していた。

時間が経つにつれ、この区域へのアクセスが徐々に容易になり、軍隊も撤退したため、近隣の恵まれない人々や、町の外からの労働者や学生たちがこのコミュニティに入り、時間をかけてゆっくりと自分の家をつくりあげていった。

80年代に入り、このコミュニティは静かに拡大し、226世帯485人の規模にまで成長したが、この区域は依然として建築行為が禁じられていた。通報されれば建物は取り壊されるため、建築資材はしばしば夜中に

図4　個人宅のバルコニーを貫通する公共の動線

図5　個人住居に導く階段

運ばれ、新しい家は夜明けに誕生していた。すべて手づくりであったため、多くの住民たちはこの場所に対し深い愛情と帰属感を抱き、「ホーム」と呼んでいた。

宝蔵巌地区における建物群は、必要最小限なもので、未加工の簡単な資材で建てられたものである。50年代は生活が困難な時代でもあったた

case 13　アーティストと住民の対話による不法占拠村の再生

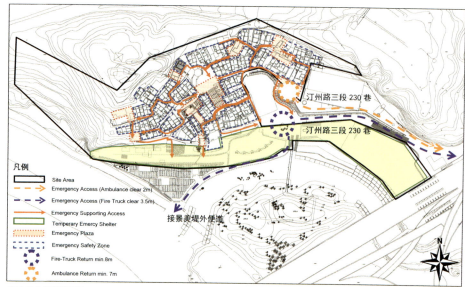

図7 市の防災計画図

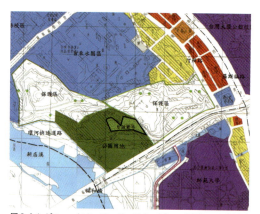

図6 トレジャー・ヒル・アーティスト・ビレッジ周辺の用途地域計画図

め、建築資材は主に木材と空洞レンガであった。60年代に入り経済状況が少しよくなると、コンクリートや鉄骨造の建物も見られるようになった。70、80年代には、主に波型鉄板が使用された。

　これらのセルフビルド建築群はいかなる規制にも従っていなかった。各住宅の境界線は曖昧で、他の家のバルコニーを横切らなければたどり着けない住宅もある。曲がりくねった細い階段が各住居を結ぶ唯一の経路であったり、階段を上るとそこはどこかの家の屋上の可能性もあり、この地の案内はとても難しいもので

図8　共生芸術村（Co-op Artist Village）計画図

あった。

　ここでの人々の生活は非常に交錯していた。すべての住民はこの地への移民であり、お互いに似たような経緯や物語を背負っていたことから、非常に団結力の強いコミュニティがつくりあげられた。記録によると、住民相互の諍いは少なかったようである。

　宝蔵巌地区には、三つの用途地域が含まれている。保全地区（宝蔵巌寺）、特別地区（宝蔵巌聚落、現・トレジャー・ヒル・アーティスト・ビレッジ）と新店渓川沿いの公園用地である（図6）。これら三つの用途地域すべてで、新たな建設および増築が禁じられている。区域全体の面積はおよそ2万7000m²（公園用地を除く）である。

　この区域の計画立案時には、およそ150軒の家屋が存在しており、そ

のうち50軒は高齢者が使用していた。大半は、空き家や放置された状態であった。行政、学術専門家、活動家と住民が長い時間をかけて対話をした結果、既存の環境をリノベーションすることでアップグレードし、放置された空間にアーティスト・イン・レジデンスのプログラムを導入することになった。このコミュニティを持続可能なものにするためには、これらのプログラムからコミュニティを管理するのに十分な利益を生み出さなければならない。一方で、宝蔵巌地区を商業的な観光スポットに変えてしまうことは避けなければならなかった。住民がユースホステルを経営し、観光客を受け入れることは適切な解決策と考えられた。こうして「共生芸桟（symbiosis artist village）」は宝蔵巌地区の未来として位置づけ

られたのである。

計画と実施

計画が実施される前の2006年に、住民は行政から選択の機会が与えられた。一つは寺の隣りの仮設住宅に身を寄せることで、もう一つは行政の補助金を受け取り社会住宅に短期居住、または永住することである。2年間の改修の後に、住民は行政から安価な賃貸料で部屋を借り、宝蔵巌地区に戻ることもできる。この過程で、数多くの住民が、行政の補助金をもらったうえで宝蔵巌地区から離れるという決断を下した。なぜなら、彼らは今までと同じ生活ができるとは考えなかったためである。最終的に、50世帯のうち22の世帯が残るかたちとなり、残りの28世帯は補助金を受け取りこの地を離れた。

この地域の最初の課題は、市の防災計画の実施であった。入り組んだ路地と傾斜のある地形により、緊急車両がこの区域へアクセスできるルートはなかった。緊急用に必要な最低限の道幅である2Mから3.5Mの通路をつくりだすために、オープンスペースの一部と空き家を統合する方案が慎重に検討された。迷路のような建築群の中に災害時のための防災広場を指定設置し、これらの広場を新店渓の川沿いにある緊急避難のためのオープンスペースへとつなげた（図7）。

2010年、長い時を経て住民たちがやっと宝蔵巌地区に戻れることとなった。しかし、必ずしもかつて住んでいた同じ家に戻らなければならないわけではなかった。50のユニットがアーティスト・イン・レジデントのプログラムのために計画された。残りの50ユニットはユースホステル（Attic Hostel）として計画されリノベーションされた（図8）。

このリノベーションのプロジェクトは、2007年に台湾大学建築・城郷研究科の劉克強教授が請け負ったものである。建設工事は非常に柔軟な方法で進められた。すなわち、デザイナーと工事者は、何を壊し何を残すかを現場で決めたのである。材料および素材の質感はオリジナルと同様とし、美装は行われなかった。プロジェクトのゴールは、この地における建築物の独特な特徴を残しながら、インフラをアップグレードすることと構造の安定性を確保することである。ごく一部の住民はリノベーシ

ョン工事が簡素過ぎると感じていたが、多くの住民は衛生的な環境と安全な場所に満足していた。

2003年、アメリカのケネス・ハガード教授(Kenneth Haggard、ソーラー建築の第一人者)と日本の加藤義夫教授(持続的建築の著名な専門家)が共同でトレジャー・ヒル・アーティスト・ビレッジにある一つの住居をリノベーションした。これは自然換気と採光を促し蓄熱を最小限に抑える、持続可能な建築方法の実験的なプロジェクトであった。現在、この「宝窩」(図9、10)はコミュニティの中心となり(トレジャー・ヒル・アーティスト・ビレッジの案内所)、後に続くリノベーション案件が参照するプロトタイプとなっている。

図9 「宝窩」の現況

図10 「宝窩」の模型

「共生」芸術村――トレジャー・ヒル・アーティスト・ビレッジ

空間の"芸術的"な質がリノベーションによって損なわれないように、台北市文化局は宝蔵巌地区のリノベーションプロジェクトに早期から関わり注意を払ってきた。「これらの落書きを残すべきか？」「この壊れた壁は撤去すべきか？」等について、専門的な意見が出された。文化局の委員会のミッションは、改善された空間において住民のライフスタイルを保つことである。そのため、建築現場にある古くて壊れた家具、窓、その他物品が保存されたが、これらはビレッジでの生活を取り戻す鍵とはならなかった。むしろ、鍵となったのは、新しい住民(芸術家)がこれら古いものと対話する方法だった。

文化局は、アーティスト・イン・レジデンスのプログラムは芸術家たちに単に作業スペースを貸すものでは

図11 リノベーション後、現在の地区内の様子。建物の建材は原始的で荒削りなものであった。この地域において私たちは、不均一なパッチ、壊れかけたレンガの壁など、時の流れの痕跡をいたるところで見ることができる。ここにある建物には、この歴史的地区のオリジナリティを保全するため、最小限のリノベーションしか行われなかった

ないことを強調した。すなわち、ここでの芸術的創作は、コミュニティをベースとしフィードバックを行うものでなければならない。コミュニティと交流するプラットフォームとして、芸術家と住民により定期的なワークショップが開催されている。また、アーティストたちはコミュニティのイベント、例えば、定期的に開催される食事会の「一家一菜（one household on dish）」に招待されている。

図12　定期的に開催される食事会「一家一菜」

さらに、住民たちは公的な会議に参加し、区域内に設置する予定のアートプロジェクトに対する意見等を述べることができる。これはアーティストが快く住民の意見を取り入れ、そして、住民は設置されたアートワークを大切にする工夫でもある。今日まで、オブジェクトの設置への反対やアートワークが壊されたことは一度もなかった。文化局は国際的に有名なイギリスのエコ・アーティスト、デイビッド・ハーレイ教授（David Haley）を招き、この地でワークショップおよび講義を開催した。このことは住民のエコ意識を促進し、他のアーティストの創造的エネルギーが自然へと向かうことを後押しした。

図13　アーティスト・ワークショップ

図14　イギリスのエコ・アーティスト、デイビッド・ハーレイ教授の講義の様子

図15　アーティストによるインスタレーション作品

まとめ

　トレジャー・ヒル「共生」ビレッジは世界で唯一無二のものである。その特異性は、芸術創造のためのコミュニティであるばかりでなく、リアルに人々が暮らす生きた場であるということにある。2010年に運営を開始して以来、ここは週末のホット・スポットとして若者や家族連れに人気を博している。最も素晴らしいと思うのは、この場所が未だに商業的な活動に飲み込まれていないことと、台北市の喧噪から完全に離脱していることである。

　また、このコミュニティを強くしているのは、常に住民、アーティストおよび来訪者の間に良いバランスが保たれているからだろう。しかし何がこの完全な構成をなしているのか、その正しい答えは誰にもわからない。最近私が行った住民に関する調査および研究から、住民がこのコミュニティの変化に対して感謝していることがわかった。私はこのユニークな場所が、資本主義社会にあって生き残り、シンプルかつリアルであり続けることを願っている。トレジャー・ヒル・アーティスト・ビレッジは間違いなく「台北の生きた博物館」である。

トレジャー・ヒルは台北の屋根裏にあたる場所で、過去の世代の記憶、物語および伝統を想起させるものである。ある意味では、工業都市には反映することのできない、台北の心が反映されている。これらの物語を人の目に映るようにするために、工業都市は変わらなければならない。つまり、都市は、堆肥であるべきなのである。
―――マルコ・カサグランデ（Marco Casagrande）、2003

訳註
2004年、「宝蔵巌聚落」は台北市において初めて「歴史建築（登録文化財相当）」として登録された聚落である。2011年、2005年に改正された文化資産保存法により、「宝蔵巌聚落」を「歴史建築」分類から「聚落」として登録する動きがあり、その結果「聚落」として登録し直された。現在は2016年に改正された文化資産保存法により、「聚落建築群」という文化財の分類に属している。「聚落建築群」は文化資産保存法（2016年改正）において、「聚落建築群は、建築の様式や、スタイルが特殊で、または景観と調和しており、かつ、歴史、芸術あるいは科学的価値をもつ建物群あるいは街区である」と定められている。なお、「聚落」は「集落」と同義で「共同生活を営むための住居の集まり」を指す。

参考文献
☆1　Casagrande, M. & 吳介禎譯、「遇見桃源村－寶藏巖」『建築建築師雜誌』384期、2006年、pp. 88-91。
☆2　Ter, D., "Treasure Hill Artist Village in Taipei, Where Past and Present Coalesce," *Arts & Culture*, Taipei, 2014.
☆3　黃靖超『藝居共生　藝術進入寶藏巖對居民生活世界影響之探究』國立臺灣師範大學、2013年。
☆4　陳盈潔『重新看見寶藏巖－開發中國家都市非正式地景的營造過程與形式』國立臺灣大學、1999年。
☆5　張立本『一九九〇年代以降臺北市空間生產與都市社會運動：寶藏巖聚落反拆遷運動的文化策略』世新大學社會發展研究所、2005年。
☆6　蕭明治「寶藏巖共生聚落口述歷史訪談專題（一）」『臺北文獻』175期、2011年。
☆7　台北市政府『擬定台北市中正區寶藏巖寺古蹟周邊地區保存區細部計畫案』2006年年6月27日。
☆8　台北市政府『擬定臺北市中正區寶藏巖歷史聚落風貌特定專用區細部計畫案』2007年4月27日。
☆9　OURs都市改革組織<http://www.ours.org.tw/>.
☆10　寶藏巖公社<http://blog.yam.com/user/treasure_hill.html>.
☆11　Taipei Nooks-Living Treasures of the Past <http://www.nookcity.tw/Treasure-Hill_link.html>.
☆12　寶藏巖共生聚落 Treasurehill Artivists CO-OP <http://blog.yam.com/thcoop/category/728034>.

case 14

生業と支援ネットワークが創出する効率的な暮らし
パヤタス廃棄物処分場居住区／ケソン・フィリピン

曽我部昌史

廃材を積んだダンプカーが列をなし、ゴミでできた山の頂部ではスカベンジャー[★1]たちがうずくまって作業を続ける。ゴミの山を見上げるようにコンクリートブロック、トタン板、ビニルシート、木板などを組み合わせてつくられた家々が建ち並び、路地には植物、洗濯物、ニワトリ、練炭、鍋などが溢れ出す。通称スモーキー・ヴァレー。パヤタス・ダンプサイト（以下パヤタスDS）は、生きる活力と廃棄物処分場が組み合わされた、独特な存在感をもったまちである。

メトロマニラにおける住宅事情

急激に人口が増え続けるメトロマニラ圏[★2]では、住居の不足が大きな課題となっている。農村部からの急激な流入などにより、1960年に250万人程度だった人口は2000年には1000万人を超えた。人口増加に伴い、非正規居住地区の人口割合も拡大している。明らかに不法占拠的につくられた川沿いのバラック街でさえ住戸ごとにオーナーがいて、想像を大きく超える高額の賃料がかかっている（図3、4）[★3]。非正規居住地区の人口増大が、構造化した主要な課題の一つとして浮かび上がる。行政は貧困層向けに住宅を用意し移住を促してはいるが、なかなか定着していないようである。

線路沿いの屋台で雑貨を販売しながら、線路と屋台の間にある空地を住まいにしていたり、墓守を生業としながら、墓地の中に住んでいる人たちもいる。そういった人たちに話を聞いてみると、公営住宅に移住を

左上：パヤタスダンプサイト。現在、南側（写真左手）の丘が稼働中
左下：ゴミの山の山頂で働くスカベンジャーたち。エリア内に住む人はいない

図1　メトロマニラ周辺図

してみるものの周辺に生業となるものがないから住み続けることができない、という。正規就労が難しい人たちにとっては、自らの作業が直接の収入につながる都市雑業が成り立つような立地であることが再優先されるのである。廃棄物処分場周辺では、スカベンジャーをはじめとした幅広い都市雑業が可能となるため、正規就労が難しい層の人たちが特に集まりやすい。

廃棄物処分場とスカベンジャー

　マニラ中心地から北東に20kmほどの位置に、ケソン市パヤタスの廃棄物処分場パヤタスDSはある。パヤタスDSに廃材が集積しはじめるよりも前は、マニラ中心地のすぐ北側に隣接するトンド地区の処分場がその役を担っていた。廃材が生み出すガスが自然発火し火災をもたらすことも多く、スモーキー・マウンテンとも呼ばれた。メトロマニラ中心地区の開発や人口増加に伴ってスモーキー・マウンテンに持ち込まれるゴミは急増し、正規の仕事に就けない人々の中からスカベンジャーとなる人たちも増え、この地域への人口集積が加速化した。1995年、火災などに代表される劣悪な生活環境が社会問題として世界から注目されるようになり、政府が強制的に閉鎖した。その頃の居住世帯は3000世帯とも4000世帯とも言われ、大きなコミュニティが形成されていた。スモーキー・マウンテンの閉鎖を機に、パヤタスの処分場に運ばれる廃棄物が急増し、多くのスカベンジャーたちが移っていった。

暮らしの場としてのパヤタス

パヤタスDSでは、トンドにおいて劣悪な居住環境を生み出す原因となっていた諸課題にあらかじめ対応すべく、いくつかのルールが定められた。例えば、スカベンジャーを事前登録制として一度に入山できる人数を制限し、勝手にゴミの山に入ることはできなくなった。また、トンドではゴミの山の上にバラックが数多く建てられていたため、火災や地滑りの際の被害を拡大していたが、パヤタスDSでは処分場内に住むことが禁じられた。

周辺の居住地区も一定の計画性をもって整備されているようである。一見、バラックのように見える家々も、基本的な躯体はコンクリートブロックや木材や鉄骨のフレームで構成されている（図5、6）。家の中の様子をうかがうと、床には磁器質タイルが貼られていて、電灯がともり、上水のタンクが置かれている（下水は整備されていないようだ）。住戸としての広さは十分ではないが、家の内部は食事と睡眠に特化した場所として位置づけられているようである。実際、屋内を案内してくれた居住者たちの様子からも、居住環境への不満

図2　パヤタス案内図

を感じることはなかった。屋根板が重なる隙間の部分を靴入れにしたり、ハンガーを掛けるのにちょうど良い位置に電線を配してクロゼットのようにしたりしている。住空間のカスタマイズを楽しんでいるようでもあり、実際、視察をさせてくれた人たちは、自慢げに暮らしぶりを紹介してくれた（図7、8）。

まちの様子を見ていても、一定の整備の様子がうかがえる。例えば、

図3　タラハン川沿いに建つバラック住戸。橋の欄干を乗り越え、屋根から中に入る

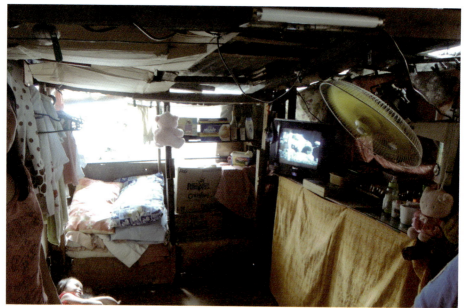

図4　上記住戸の内部。住人はオーナーに家賃を払って住んでいる

図5　パヤタスの住区間の路地。多くはコンクリートで舗装されている

図6　パヤタスの住戸。コンクリートブロックの壁を手がかりにカスタマイズされる

case 14　生業と支援ネットワークが創出する効率的な暮らし

図7　パヤタスの住居部分入リロ

図8　住宅の内部。床は磁器質タイル張りで、屋根の隙間から光が差し込む

街路は北西から南東に向かうクレモント通りを主軸として、並行する数本の通りと直行する路地群で構成されているが、路地幅員が2mを切るような路地を含めて、ほとんどの道路がコンクリートで舗装されている。北寄りにある中心地区には、小学校、教会、診療所、市場、商店などが集まっている（図2、9）。

つまり、一見すると、ゴミの山に引き寄せられるように自然に形成された非正規居住地区のような印象を受けるが、一定の計画性をもって整備された地区であると言える。この地域もスラムの一つとして話題とされることが少なくないが、マニラにある他の多くのスラムとは異なり、危険な印象をもった場所は非常に少ない。

パヤタスでの課題

パヤタスの住民はスカベンジャーばかりではない。日雇い労働のほか、廃棄物処分場の存在から派生するリサイクル業、市場や交通関係など地域生活を支えるサービス業などに従事する低所得者層が集まって暮らしている。そのパヤタスでの暮らしを、様々な国々のNGOなどがバックア

ップしている。

　パヤタスでの暮らしが抱える課題としては、大きく、①居住地が保証されない状態にあること、②仕事が不足し家計が不安定なこと、③極端な人口過密状態にあること、④清潔さが十分でなく衛生面でも課題が残ること、⑤学校の中退率が高いこと、の五つが挙げられる。そういった課題への対応を目指して、多くのNGOなどが支援活動を進めている。NGOなど同士はネットワーク化されていて、それぞれ対象とする課題を絞りながらも、全体としてバランスがとられるよう相互連携も行われているという。日本からの支援団体としては、診療活動や保健教育、就労支援などを手がけるNGOアジア日本相互交流センター（ICAN）、学費無料のフリースクールであるパアララン・パンタオを支援するパヤタス・オープンメンバー、女性や子供への支援を中心に進めるNPOソルト・パヤタス（以下、ソルト）などがある。

パヤタスを支える仕組み

　住居や地域整備などがある程度の水準を維持しているからか、NGOなどの支援メニューは、ハードに関わるものよりもソフトに関わるものの比重が高い。地域全体を生活の場として捉え、その充実を図ることが優先的に進められている。

　近年、特に積極的に活動している組織の一つに、上述のソルトが挙げられる。ソルトの活動は、大きく、子供エンパワメント事業（Children Empowerment Program）、女性エンパワメント事業（Likha Livelihood Program）、現地体験プログラム（Ex3 Program）の三つに分けられる。

　子供エンパワメント事業は、日々の交通費などをお小遣い的に渡す奨学金制度、学校で学んだことの予習復習を促す学習支援、将来の生きる力を醸成させるためのライフスキル教育に代表される。これらの活動の拠点となるのが子供図書館（Wakaba Community Library）である（図10）。本棚に囲まれた小型の教室のような空間で、学校が終わった後に勉強をするための自分の部屋のように活用されたり、ライフスキルを身につけるためのトレーニングの場にもなる。子供たちは、毎朝ここに立ち寄ってお小遣い（奨学金としての交通費など）を受け取るので、ソルトの運営スタッフたちは毎日の子供たちの様子を

図9　クレモント通り寄りの道沿いには商店が並ぶ

図10　子供図書館（Wakaba Community Library）

確認することができる。小学校から100メートルほどの距離にありながら中心地区の南端に位置し、町の喧噪からは離れている。

女性エンパワメント事業の拠点はLikha（リカ）と呼ばれるショップ兼作業所で、子供図書館と隣接している（図13）。Likhaは「創造」を意味するタガログ語で、女性たちが広く暮らしを創造することを期待して命名されたそうだ。シングルマザーや収入が低い世帯の女性たちが働く場として開かれていて、視察をした2014年3月の時点で17人のメンバーが中心となって作業をしており、年間230万ペソ（当時のレートで約500万円）を売り上げているという。主にクロスステッチによるワッペン製作を行っていて、タオルやバッチなどに加工して、Likha店頭やネットなどで販売している（図14）。労賃の10％は自動的に貯金に回され、働く女性たちは半年後にそのお金を受け取れる。運営においては、そういった暮らしを安定させる複数の仕組みが組み込まれている。

他のNGOなどによる様々なかたちの支援の仕組みが組み合わされ、地域全体がいわば一つの大家族のよ

図11 ゴミの山崩落による犠牲者を慰霊する場。正面の慰霊碑の向う側が崩落現場

図12 居住エリアを減らし廃棄場を拡張するため、立ち退きがあるとすぐに撤去される

case 14 生業と支援ネットワークが創出する効率的な暮らし

図13　Likhaショップで運営方針を説明するスタッフ

図14　クロスステッチでつくられたワッペン

うに機能しているように見えてくる。

減少する住宅地

　2000年7月の台風でゴミの山の東側斜面が地滑りを起こし、隣接する住宅地に建つ約500軒の家々を飲み込んだ。犠牲者は300人を超えると言われ、この時点でいったんダンプサイトは閉鎖された。地滑りの被害を受けた場所には慰霊場などがつくられたが、今でもその隣接地には家が立ち並ぶ。その後、南側に二つめのゴミの山がつくられ、再び廃棄物処分場として機能しはじめた。すでに許容量を超えているため閉鎖すべきとの意見が少なくないものの、2016年現在も稼働中である。最近の課題は、ゴミの山の拡張のために進められる居住地区の縮小化政策である。稼働を続けるために、隣接する居住地区の住民を立ち退かせて、ゴミの山のエリアを広げているのである。航空写真などで確認すると、視察で訪れた2014年から現在までの間にも、南側の居住地区が廃棄物場に取り込まれるなどして、居住地区が縮小している様子が見られる。行政が半ば強制的に進めていることらしく、地域のコミュニティが唐突に変

形されることになっている。立ち退きに伴い行政は移住先を用意するものの、そこはダンプサイトからは遠く離れていて、代わりに得られる就業先も都市雑業がなり立つ可能性もない。結局、パヤタスに戻ることになり、無理矢理そのエリア内に住む場所を求めることになっているようだ。

都市雑業的な仕事の存在が、フィリピンにおける低所得者層の居住地区にとって求められる最大の条件である。パヤタスの現状をポジティブに捉え直すと、ダンプサイトとダンプサイトに関連して生み出される仕事の存在とNGOなどのサポートのネットワークがつくるフォロー体制とが有機的に関係し合い、地域全体が住民全体で住みこなす豊かで効率的な暮らし方を創出する場となっているとも言える。この先の時代にあった、新しい地域づくりの手法につながる一つの可能性をみいだせないだろうか。

註
★1　スカベンジャー：ゴミの中から換金可能なものをより分けることを生業とする人々。
★2　メトロマニラ圏：メトロポリタン・マニラ（マニラ首都圏）の通称。ルソン島中央部に位置するフィリピンの中心的都市域で、マニラ市を含む16市1町で構成される（図1）。
★3　タラハン川（Tullahan River）沿いのバラック街。橋の欄干を乗り越え、錆びたトタン板の屋根のスキ間から住戸に入るようなつくりだが、月数千ペソの家賃を払う。

参考文献
☆1　大野俊『観光コースでないフィリピン』高文研、1997年。
☆2　大野拓司、寺田勇文『現代フィリピンを知るための61章』第2版、明石書店、2009年。
☆3　ホルヘ・アンソレーナ『世界の貧困問題と居住運動』明石書店、2007年。
☆4　四ノ宮浩『忘れられた子供たち』中央法規出版、1997年。
☆5　ソルト・パヤタス<http://www.saltpayatas.com>。
☆6　フィリピンのこどもたちの未来のための運動<http://www.geocities.jp/fujiwara_toshihide/>。

case 15

住民主導のアートによるまちづくり
甘川洞文化村と書洞／釜山・韓国

丸山美紀

**近年の韓国における
まちづくりの傾向**

韓国では経済成長期から首都圏への経済および人口集中が問題となっており、2004年に制定された「国家均衡発展特別法」をもとに、地域間格差を是正し地方と中央が均衡して発展するモデルを目指している。ソウルへの一極集中を解消するために、首都機能を分散させることはその一例である。これを受け釜山には、海洋水産関連、映画映像関連、金融その他の公共機関が移転することとなった。これらの計画は中央政府主導で行われた。

韓国におけるまちづくりの主体は、都市貧民運動や民主化運動の際に組織された市民団体や住民組織が活動母体になっているものが多く、地域に根ざした活動が民間発信で行われてきた歴史がある。政府は、2014年に地域住民の生活の質の向上及び雇用創出を大きな目標とした「地域発展5カ年計画」を策定した。これは地方都市の発展を後押しするものであり、計画立案には各自治体も参加している。地域住民の開発への参加を可能にしている点で、これまでの政府主導の開発計画とは異なる。これはまちづくりを行っている民間の組織が多数あることを背景としたものであり、今後の地域改善における民間組織の活動の比重が高まっていることがうかがえる。

**釜山の再開発事業と
まちづくりの現状**

釜山は国内最大の港湾機能をもつ

左上：斜面に広がる住居群。等高線と平行に細長い住居が連なっている
左下：屋上空間は路地からアプローチしやすく、様々に活用されている

図1　甘川洞文化村地図

釜山港を有する港湾都市である。港は急峻な山で囲まれ市街地は山の斜面にまで広がっている。人口345万人の韓国第二の都市であるが、90年代から人口成長率がマイナスとなっている。近年の国内の人口動態を見るとソウルなどの大都市圏への集中が顕著で、さらに都心よりもその周辺エリアの人口増加が見られる。地域間格差を解消する国策と連動して釜山では、上述の三つの機関（海洋、映画、金融）とその職員用住宅地を市有地に分散配置し、それぞれを革新地区として開発することとした。この政策は、公共機関、企業、大学、研究所を新たに集積し相互に連携することで地域の競争力を高めることが目的であり、既存の住宅地、特に低所得者が居住する密集エリアの環境改善は考慮されていない。

釜山には三大貧困エリアと呼ばれる地域があり、インフラの整備が行き届かず、不自由な生活を強いられていても、住民は高齢や低所得を理由に、他のエリアに移住することが困難であった。また行政の開発プランから取り残された地域にもなっていた。しかしこれら地域は、資源と呼べる魅力的な環境をもっており、行政主導の開発事業とは別に、住民自らにより住環境改善活動が行われるようになった。行政に依存せず、住民主導でまちづくりを行っている代表的な事例を紹介したい。

甘川洞文化村（カムチョンドン）――まち全体を博物館として見立てる

港を囲む山の一つである水晶山の斜面につくられた住宅地である（図1）。1920年代に港湾労働者が住み始め、朝鮮戦争時（1950~53年）に国内各地からの避難民が大量に押し寄せたことで住宅地が形成された。50年代には約700人だったこの集落の居住者は、80年代には3万人にまで増えた。近年は利便性を求める住民の流出が起きており、現在は9200人が居住し、約300戸が空き家となっている。当初は、板張りの簡素な住宅であったが70年~80年代にかけてコンクリート造に建て替えられた。外壁のカラーリングは、住民により自発的に塗られたのが始まりであるが、甘川洞の特徴的な景観要素になった。山間部であることから水利が悪く、貯水タンクが各住戸の屋上に置かれている。屋根の青い塗装は、太陽光を反射するための工夫とのこと

図2 等高線に平行な路地

図3 等高線を横断する階段

図4　空き家を改修したギャラリー

である（186頁上）。

1954年に条例で、「後ろの家の眺望を妨げないこと」、「すべての道を通じるようにし行き止まりをつくらないこと」という条項が制定されたため、密集した斜面地の不便さはあるが、良好な住環境が得やすい構造となっている。また住宅間を縫うように等高線と平行に路地が通っている。それらは住宅のアプローチを兼ねるとともに、居住者の生活が溢れ出す空間となっている（図2、3）。

コンクリート造の建物の屋上のいくつかは、物干し場等の住宅の屋外スペースとしてだけでなく、ポケットパークとしても活用されており、狭小な土地を効率的に利用するとともに、良好な居住環境をつくりだしている（186頁下）。

敷地がもっているポテンシャルを最大限に生かした居住エリアの改善運動が2009年に始まった。文化体育観光部が主催した「2009村美術プロジェクト公募」に「Art factory in Dadaepo」というアーティストからなる組織が「夢見る釜山のマチュピチュ」というテーマで応募した。村落内にアート作品を設置するプロジェ

case 15　住民主導のアートによるまちづくり

クトであった。急傾斜に小さな建物が密集している状況を、ペルーのマチュピチュ遺跡に見立てた一種開き直りのような計画に見えたが、ここからまちが変わり始めたのである。この計画を実現する過程で、村落に共同体組織がつくられ、住民間で環境改善へ向けた機運が高まったのである。現在の共同体組織の会員は100人を超え、2012年には非営利社団法人として登録され、地域の環境改善のためにさまざまな活動を行っている。

　現在共同体組織により行われている環境改善運動の一部を以下にまとめる。

- 家ギャラリー——空き家をギャラリーとして活用する事業。12件進行中（2013年）（図4）
- 廃業した銭湯をコミュニティセンターに改修
- 村落の地図の製作
- Home my Home project——住宅リフォーム中の住民のための臨時住宅を建設し、住宅改善を促進する
- 山腹道路ルネッサンスプロジェクト——等高線なりに住宅間を縫っている道路に、照明やパブリックアートを設置、安心して歩くことができ、また歩きたくなる路地づくり

　現在これらの住民主導の活動を行政が支援するかたちで、環境改善が進められている。ギャラリーとして改修された空き家の買い取りは区が行っている。アーティストと住民の共同により始まった改善事業は、2011年から2020年の10年間で1500億ウォン（約140億円）が投入される公共事業となり、水晶山を横断する山腹道路沿いにエリアを広げていく予定となっている。高齢化、人口減、空き家化が進んでいたエリアを、地域全体が博物館であると捉え、観光地化することで居住環境の改善も同時に行っており、現在年間約30万人が訪れる場所となった。ネガティブに捉えられていた環境を新たな資源とすることで、地域課題を解決するために活用していることと、住民の行動が行政を動かすきっかけになったことが特徴的である。

書洞芸術創作スペース——
既存市場と一体化した拠点づくり

　地下鉄書洞駅近くの古い市場とその周辺に形成された住宅地である

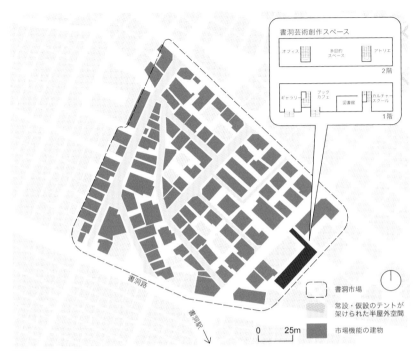

図5 書洞市場地図

(図5)。朝鮮戦争時に避難民が集中したエリアで、密集状態が解消されず発展が遅れていたため、住民が流出して空洞化が起きていた。現在約3万5000人が居住しており、その4分の1が青少年である。釜山の三大貧困エリアの一つである。

2005年頃に書洞地域の再開発計画があったが、補償金では他のエリアに住まいを買うことができず、多くの住民が売買を拒否した。その後、既存の市場を生かした住民の自発的な発展を行政が支援するという開発方針に転換された。市場に隣接する築30年の建物を改修し、2012年6月書洞芸術創作スペースがオープンした。現在、正社員1人、補助職員2人で運営している。地上2階建の元鮮魚を扱う建物を、天井高を高くし階段幅を広くするなどの最低限の改修をしてオープンさせた。1階はギャラリーと図書室、カフェ、カルチャースクールで、2階は多目的室とアトリエである。ギャラリーでは、プロの

case 15 住民主導のアートによるまちづくり 193

図6　書洞芸術創作スペース・外観

図7　書洞芸術創作スペース・図書館

アーティストだけでなく、市民も作品を展示している。多目的室はレンタルスペースである（図6、7）。アトリエでは、複数のアーティストが活動し、市民と話し合いながら共同で創作することを探っている。ここでは、さまざまな企画が行われている。プロのアーティストが指導する演劇の授業を開講し、地域内の広場で市民参加による公演や、プロのアーティストによる公演が行われている。市場で働く人を対象とした映画上映会も行われている。この活動には、釜山大学やプロのオーケストラなどさまざまな団体が協力している。

書洞は、韓国内に三つある文化芸術特区の一つとなった。書洞芸術創作スペースには、人件費込みで年間1000万円がかけられている。活動団体に場所を提供するかわりに、無料公演を行ってもらうなど、少ない予算で市民が参加できる活動を多く行うことを目指している。

書洞市場は、テント屋根が架けられた路地とそれに連なる簡素な建物群による半屋外空間が面的に広がった場所である。周辺では店舗の商品が路上にまでディスプレイされており、屋外や半屋外にまで生活空間が広がっている（図8、9、10）。このような習慣を生かして、書洞芸術創作スペースと連動したイベントがエリア全体に展開している。市場に隣接しているので、買い物客や子供などが日常的に訪れることができる場所となっており、市民がアートに触れる初めての機会を生み出している。プロアマ問わず利用できるオープンな施設を中核とすることで、周辺エリア一帯への波及効果をも狙っている。

ネガティブな環境を肯定的に読み替え反転させる

紹介した2カ所のまちづくりで共通しているのは、「住民自らが参加できる仕組みとなっている」ことと「アートをまちづくりに組み込んでいる」ことである。活動のきっかけも住民発信であり、結果的に行政からの予算がついたという要素もあるが、小さなアクションが地域全体に連鎖的に波及し、環境改善が成功しつつある状況である。ネガティブに捉えられがちな環境を、従来的な価値観により改善するのではなく、これらを肯定的に捉え積極的に生かす方法で環境改善を図っている。このような

図8　書洞市場・道路上に常設のテントが架けられている

図9　細い路地にも簡易な幕やパラソルがあり、全体的に網目状に半屋外空間が広がっている

読み替えに対してアートが果たした役割は大きいと思われる。

　甘川洞は斜面地にあり道も狭く車でのアクセスが困難な住宅がほとんどである。このような環境は住民の流出を招きやすいが、その空間的な特徴を歩く楽しさのある散策路として肯定的に捉えたのが、この地域のユニークなアプローチである。書洞は、高密な居住環境が面的に広がっており、それゆえに発展が遅れており、住民が流出していた。しかし住環境の高密さは、密度高く活動を展

開できるというメリットももっていた。地域内に活動の中心となる施設をつくることでエリア全体への効果をつくりだしているのは、エリアの密度と規模がそれに適していたためと考えられる。

それぞれのエリアの居住者は、甘川洞が9200人、書洞が3万5000人である。甘川洞では住民の高齢化が進んでおり高齢化率は21.5%と、横浜市全体の高齢化率と同程度であるが、若年層を中心とした急激な人口流出が進んでおり、過去10年で34%減少している。現在は高齢者のための共同作業場がつくられたり、地域の観光地化と結びついた社会的企業が新たに設立されたりしている。産業の規模としては大きくなる類いのものではないが、住環境の改善と高齢者の生きがいづくりを同時に行っている点で、収益以上の価値があるようだ。書洞は、市場という地場産業があることにより、雇用が確保されているためか、高齢化はさほど進んではいない（高齢者人口15.9%）。地域経済の中心でもある市場を生かしたまちづくりとすることで、その場所に住み働く人たちの生活に密着したものとなっている。

図10　歩道上にまで広がる店舗

いずれのまちづくりも、住環境が劣悪とされる場所に住む住民自身が創作活動を通じて自尊心を取り戻すきっかけにもなっており、表現行為そのものが環境改善にもつながっている。このような住民の主体性を阻害しない行政サポートのほどよさも、まちづくりを継続させるポイントである。さらに、どのような環境を地域の特色と捉えるのかが重要であり、解決すべき地域課題と解決方法を地域固有の環境と関連づけることが、成功への秘訣のようである。先入観やしがらみにとらわれずに環境を見直すこと、小さなアクションでもおそれずに始めることが、やがて大きな流れになるのだということをこれらの事例を通して学んだ。

case 16
国際建築家チームが参画する住宅改善
イェラワダ地区／プネ・インド

吉岡寛之

緑豊かな学術産業都市プネ

プネ（Pune）は西インドに位置するマハーラーシュトラ州第2の都市である。街の40％が緑に覆われていて、市内を歩くと大きな木々が並ぶ立派な並木道が多く見受けられ、豊かな自然環境を実感できる。また、オフィスビルやホテルも数多くあり、国内有数の研究施設や教育機関が存在し、世界から研究者や学生が集まり、IT産業を中心に目覚ましい発展を遂げている。そのことから、学術都市、先端産業都市であるプネはインド国内で最も安全な街としても知られている（198頁上下）。しかし、教育と産業が両輪となり発展してきた都市でも市内各所に貧困層が暮らす都市脆弱地区が存在している。Filipe BalestraとSara Göranssonを中心とした国際的な建築家チームと、インドのNGO団体であるSPARCとMahila Milanが協同で、プネにおける都市脆弱地区の改善計画を実践している。Filipe Balestraはリオ・デ・ジャネイロの都市脆弱地区において設計、施工を地元市民とともに進め、学校やコミュニティセンターをつくりあげている。Sara Göranssonはストックホルムにおいて都市開発に関わっている。彼らはプネでの計画を類似した状況下の脆弱地区に応用可能なパイロットプロジェクトとして考えている。

都市脆弱地区における課題

多くの都市脆弱地区において貧困層の住民は非公式な場所でいつ退去させられるかわからない不安定な状況下で日々の生活を送っている。住

左上：大きな樹木が並ぶ街路
左下：多くの人が行き交うプネ市街

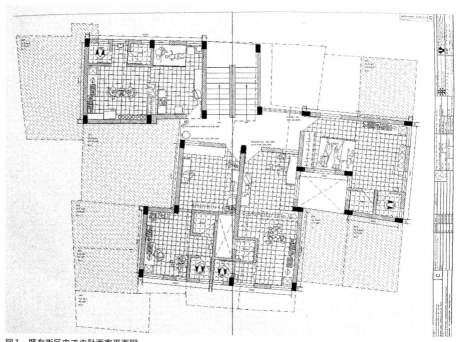

図1　既存街区内での計画案平面図

図2　計画案のシステム

宅環境改善ではより安定した定住生活を送れるように生活環境を合法化に導くプロセスが大切な役割となる。合法化に向けて、今後住みつづける住民同士のコミュニティの維持、火災など災害事故を防ぐための工法、電気、水道、ガスなどのインフラ整備は特に重要な課題と考えられる。建築家チームの計画ではこれらの課題に対して既存街区を大規模な更地にして、新たな住宅を建設するのではなく、既存の街区形成をそのまま引き受けて、街区の中で個別に解体と

再建を段階的に緩やかに進める計画となっている。これにより地区の地域社会は壊されることなく、これまでの住民同士のコミュニティを維持しながら生活改善を進められる。また再建するにあたり、住民自身が外壁の色を決めるなど独自のカスタマイズも組み込まれている（図1、2）。

地元NGOの役割

プネの都市脆弱地区で生活する住民の経済的状況などを調査し生活支援活動を進めている地元NGO団体Mahila Milanにヒアリングを行った（図3）。地元NGOが建築家チームと協同して、住民と具体的な暮らし方について模型などを使い様々な話し合いが行われている。これにより一方的な押しつけではなく、住民からの直接のヒアリングをベースとした計画を考えるようになった。布でつくられた原寸模型をつくり、住民に実際のスケールを体験してもらい、丁寧な意見交換が実施されている。工事期間中は現場事務所を設けて住民が自由に使えるスペースとし、計画についての話し合いを重ね、住民同士のコミュニティ形成に貢献している。Mahila Milanは、住民から計画

図3　NGO団体Mahila Milanでのヒアリングの様子

への同意書を集めて、現時点（2014年12月）で三つのエリアで65棟以上の建設に着手している。このような地元NGOの協同は住宅環境改善へと住民意識を導くためにはなくてはならないものである。

case 16　国際建築家チームが参画する住宅改善

図4 プネ市街中心部から北東のイェラワダ地区北部に隣接する都市脆弱地区について現地調査を行った

定住化への再建

プネ市街中心部から北東のイェラワダ地区北部に隣接する都市脆弱地区について現地調査をMahila Milanの案内のもとで行った（図4）。中心部から6km弱北上した場所で、周囲は市内で見かける中層ビルも少なくなり、都心から郊外へ風景が変わる。車が頻繁に通る道では街路樹の緑も多く、小さな商店が店を開き、人々が行き交う姿からにぎわいが感じられる（図5）。通りから一歩入ると、表とは一変した細い路地が複雑に曲がりながら奥へと続いている。

路地に面した建設現場では、コンクリートの躯体に嵌め込まれたブロック積みの様子がうかがえる（図6）。高密度に住居が建てられた場所では、火災時に延焼を防ぐ不燃材料での再建は防災面で有効な手段である。

小さな軒が連なる路地は、日があ

たる場所にあわせて路地上や壁添いに洗濯物を干すロープが掛けられ、生活の場所として使われている（図7）。移動空間だけではなく、生活空間として使われている路地は、国を問わず人の営みが表れる場所である。庇上の壁面から突き出る鉄筋は庇や床といった増築を可能とする（図8）。暮らしながらつくりつづける家は、路地空間にさらなる変化をもたらし街の新陳代謝を促す。

　路地から空を見上げると家の屋上に設置されているタンクが目に入る。配管が接続されたタンクは各家の給水設備となっている。地面の桝蓋（図9）や、土中配管用の通気管として建物外壁添いに地面から立ち上がる管から、地区内での排水設備が推測できる（図10）。水に関する衛生面の改善は、住民一人一人の健康維持と地区全体の病気予防につながる生活環境改善の重要な課題である。

　壁面の庇下にはアルミサッシが設けられ、室内への雨の侵入を防ぎ光や風を取り入れ、居心地をより良くしている。家ごとに違う飾り窓からは、住民の暮らしへの潤いが表れている。開口部が室内環境を改善し文化的な生活へと意識を向上させるた

図5　大通りの様子

図6　コンクリート躯体に嵌め込まれたブロック

図7　洗濯干し場となる路地

図8　壁面から延長された鉄筋

図9　路地の桝蓋

図10　地面から立ち上がる通気管

めに貢献している（図11）。

　未舗装の路地に対して各家の玄関前は廃材の床材が丁寧に敷き並べられ、バルコニーの手摺子には部分的に鮮やかな装飾が施されている。外壁は、近似色で塗られ家々の連続感がつくられている。ここでは住民がもつ暮らしと街区全体への意識により、街の景観が形成されつつある（図12、13）。

　安定した暮らしを送るためには、水と同じく電気の供給も重要な課題である。路地に電柱は見られないが窓越しから電灯がともる様子をうかがえる。路地上空を細かく見ていくと各玄関前を渡っていく電線が目に留まる。狭い路地を電柱で埋め尽くさず、各家の玄関前や窓先を電線が横断してつながる様子から地区全体で電気が共有されていると推測できる（図14）。

　家の内部に入ると床はタイルが敷き詰められ、壁には綺麗な色が施されている。中には壁一面だけ色を変えて、天井には廻縁のようなラインも描かれ、さらに枠が黒く塗られ飾り窓となっている部屋などもある。素朴な外観とは違う華やかな内部空間からは、居住者の暮らしへの前向

図11　アルミサッシと飾り窓

図12　玄関前に敷きつめられた床材

きな姿勢が表れている（写真15）。1フロア間口3m、奥行き4m程度と十分な広さはないが、天井は高く窮屈な印象はない。より快適にすごせるように天井扇が取りつけられ、壁面のコンセントにテレビの電源がつながれている。家が睡眠、食事のみの限定的な役割だけではなく、テレビを見ながら家族で落ち着いてくつろ

図13　近似色に塗られた外壁と装飾された手摺子

図14　路地をまたぐ玄関前の電線

げる生活環境が整備されている。キッチン廻りでは壁に綺麗な絵柄タイルが貼られ、棚板には整然と食器が並べられている（図16）。カウンター下のボンベからガスが供給されガステーブルで煮炊きができ、給排水も完備したキッチンとなっている（図17）。衛生的な水廻りは、住民の安定した生活環境の源となり健康増進にはかかせないものである。

　屋上から街区を見渡すと仮設的な平屋の家が、コンクリートとブロックで積層された家に建て替えられ、さらに高密度の街区へとかわっていく状況が見られる。このような高密度の都市脆弱地区の建て替えでは、重機を使用せず人力による施工性と、誰でも手に取れる材料の汎用性が重要な役割を担う（図18）。路地とは異なるスケールの道沿いでは露店で野菜が売られ、子供たちが遊び、住民同士のコミュニケーションの場がつくられている（図20、21）。生活環境改善を持続するうえで、人が集える道は再建に関する情報交換の場にもなる。離れた場所から街区を見ると、平屋の中に3層程度の建屋が入り交じり、段階的な再建がうかがえる（図19）。

効率化では獲得できない環境改善

　電気、ガス、水道、情報といったインフラ整備を進めることは、非合法な場所を合法化へ近づけ、居住者がより安定した生活を送るための重要な改善プロセスである。入り組んだ路地を歩くと、地面や建物の足下には桝蓋や配管があり、空中には窓から窓へと電線が渡っている風景に出会う。そこには複雑な街区の中で、それぞれの敷地状況に合わせて個別の工夫を行いながら、小さな塔状住宅が人の手で少しずつ建てられてきた経緯がうかがえる。一般的な再建は大規模で画一的な効率性重視の価値観のもとで行われる。一軒ごとに少しずつ段階的に進められる住宅環境改善は、効率化では得られない具体的な営みの豊かさから街が生まれかわる流れをつくりだす。

図15　液晶テレビを備えた室内

図16　キッチン廻りの様子

図17　ガス、水道を備えたキッチン

図18　施工性と汎用性が高いコンクリートとブロック

図19　屋上から見渡した街区

図20　道の露店

図21　コミュニケーションの場となる道

　柱梁のフレームとブロック積みの壁という単純なフレームを採用し、居住者がカスタマイズしながらつくる住宅は、営みの集積が直接その家の表情に表れ、住宅環境の改善につながる。

　各家の表情が高密度に連続し、新たな街の全体像がつくりだされていく。これから生まれかわる街は家ごとの境界などなく、街全体が大きな家にも見えるのではないだろうか。小さな家が大きな街へとつながる。シンプルでカスタマイズできる家づくりの仕組みが人と住宅の距離を近づけ、人の営みの集積を生み出し、住宅と街の距離も近づける。ここでは人の営みと街の佇まいが日々更新され、暮らしがもつ豊かさが地区全体の環境改善につながっている。

PART IV
簡素な建築と豊かな文脈

case 17
被災集落の復元力・オンサイトの復興
プレンブタン／バンツール・インドネシア

重村力、山口秀文

**集落社会に根ざした
相互扶助による復興**

インドネシアのカンポンと呼ばれる都市内または都市周辺における自然発展的住宅地は、その緻密な空間秩序が魅力であり、非計画の住宅地と言われても、にわかには信じられないほど、豊かな文脈を兼ね備えている。だが、周囲の農村部の集落を観察すると、ある意味当然であると言うことがわかる。特にジャワ島中部のジョグジャカルタ特別州は、今もスルタンが知事を務め、ジョグジャカルタ王国としての長い歴史的伝統を有しており、農村部の集落は簡素だが豊かな文脈をもっている。それらの空間秩序の記憶遺伝子が都市内のカンポンにも反映されるのだと考えられる。

2004年12月にスマトラ島沖地震（死者22万人）が起き、インド洋各地が大津波に見舞われる。これはマグニチュード9.3という人類有史でも一、二の規模の超巨大な地震であった。地震と津波の直撃を受け壊滅的な被害を受けたスマトラ島のアチェには、世界各国の政府やNGOからの物資・資金が集まり、競って復興を支援した。しかし再建された市街地や住宅の集積はみごとであったとは言えない。それぞれが社会的文脈も環境の文脈も無視して山中や密林を開き、ばらばらに孤立的住宅地をつくりあげ、地域の文脈は容易に再生されず、社会も混乱した。

そのため2006年5月ジャワ島中部地震（死者5000人、マグニチュード6.3）が起きたとき、ジョグジャカルタの

左上：建設中のコア・ハウス
左下：ジャワ島中部地震直後の地区の状況

図1　インドネシア・ジャワ島とジョグジャカルタの位置

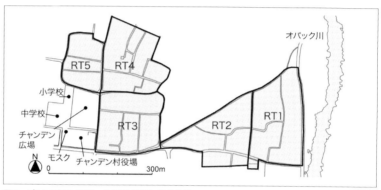

図2　プレンブタン集落：各RTの位置と公共施設

為政者と研究者たちは、アチェの失敗を繰り返さないということを期し、方針を決めた。①集団収容所的仮設住宅はつくらない。できうる限り現地戸建て仮設とする。②地区の社会単位（ポクマス）を重視し、地区社会が復興のニーズを自己検討し、その自力復興・互助復興（ゴトン・ロヨン）を、NGOや政府資金によって支援する。すなわち集落コミュニティに基盤をおく復興の方針である（ポクマス[POKMAS]は村＝デサの中の十数戸の隣保単位を意味し、ゴトン・ロヨン[Gotong Royong]は相互扶助の意味である）。

プレンブタン集落の概要・被害概況

被災集落の一つ、プレンブタン集落は、ジョグジャカルタ市の南約10kmに位置しており、被害が特に大

きかったバントゥール県ジェティス郡チャンデン村[★1]の一集落である。図2に示す様に集落は、五つの「RT」[★2]と呼ばれる行政単位（近隣コミュニティの居住単位でもある）から構成されており、多くのチャンデン村の公共施設（村役場、モスク、広場、小中学校）が隣接している。集落の東側には堤防を挟んでオパック川が流れている。各RTはモスク等の共同空間をもち、各住宅は複数の棟と庭からなる屋敷構成となっていた。集落にはキリスト教会もある。この集落の復興過程では、被災した住宅敷地に竹の仮設住宅やコンクリート枠組み工法による恒久住宅が、住民自らの手によって、徐々に再建された。集落の面積、人口、世帯数は以下のとおりである。

- 面積：約28ha（居住地：約15ha、耕作地：約13ha）
- 人口：震災前814、震災後804（2007年8月時点、転入者あり）
- 世帯数：震災前230、震災後251（2007年8月時点）

集落では、9割以上の建物が倒壊もしくは重度に損壊し（210頁下）、19名の死者を出したが、1年余り（2007年8月）でほぼ住宅再建がなされ、共

図3　プレンブタン集落の住居の断面構成

同空間や公共施設も1年半後（2007年11月）にほぼ再建された。地震後は政府や複数のNGOの支援を受けつつ集落主体で復旧・復興がなされている。

伝統的住居と集落の構成

　プレンブタン集落における典型的な住宅の屋敷地は、短冊状である。基本パターンは図3のように、街路側から前庭－基壇上の建物群－屋敷林（プカランガン）という三つの土地利用から構成されている。ジャワの伝統的住居のプランは図4、5のように、開放的であり基壇と4本柱と独特な寄せ棟屋根からなるプンドポと、閉鎖可能な主屋ダルムからなる。プンドポは行事・儀式・接客に用いられ、男性の一時就寝場所としても使われる。ダルムは居間や寝室として住居の中心となる。その背後に台所等水廻りのパウォンが、その周辺に便所・井戸が位置する。屋敷地は、プンド

図4 近くの集落の農村住居（手前左がプンドポ、その奥にダルム）

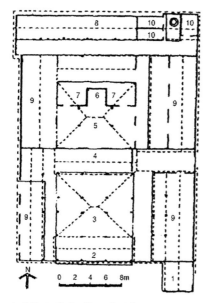

1 入口　2 ヴェランダ　3 プンドポ
4 プリンギタン　5 ダルム　6 ソントン・トゥンガ
7 ソントン　8 パウォン　9 ガンドク
10 便所・浴室

図5　ジャワの伝統的な民家の平面（山本による）[☆3]

ポ、ダルムと付属棟と、棟の間のオープンスペース（庭・作業場）から構成されている。プンドポは冠婚葬祭やRTの集会等のコミュニティスペースや接客儀礼空間、予備寝室として用いられる点では日本の農家の広間（ヒロマ・デイ・アガリハナ・オウエ）と役割が似ている。街路に近い側は公共的な性格を帯び、敷地奥に向かうに従って私的な性格となる空間構成である。集落では果樹を伴う豊かな屋敷林を介在しつつ、この構成が立ち並ぶ。

POKMAS住宅再建支援制度とCM造のコア・ハウス普及

地震後、ジョグジャカルタ特別州政府は、POKMASと称される地区社会単位を対象にした独特な住宅再建支援制度を創設した。この制度の特徴は、①POKMAS（kelompok masyarakat）という約10～15世帯よりなる最も小さな隣保単位のコミュニティグループを重視し、②POKMASに対して再建を指導する社会的・技術的ファシリテーターを派遣し、③POKMASを通じてCM造の恒久住宅を住民によって自力建設するための資金の直接給付を行う制度である。

POKMASによる復興では、それぞれのPOKMASにファシリテーターを送って住民会議を開き、一体どこの家が仮設や恒久住宅を必要とするか、POKMASに何戸新しい家がいるのかを議論する。結婚独立などの世帯分離や介護同居などの世帯統合、出産予定など、ニーズは単純に被災前の世帯数と一致しない。さらにどこに建てるか、次に入ってくる政府やNGOからの援助資金を使う順序も決める。計画を立てるとなると技術的ファシリテーターの出番となる。予算・材料調達・労働力調達・敷地調整もここで検討される。つまりPOKMASが、あらゆる調整のクッションとなり、隣組の中で需要間の調整、供給の調整を行い、社会的計画的調整の課題を、相互扶助＝助け合いと譲り合い＝Gotong Royongによって解決する仕組みである。

　これに加えて、政府担当者と支援するガジャマダ大学などの研究者たちは、以下の仕組みを考えた。一つは地震に強い正しいCM造の普及である。CM造とはConfined Masonryの略で、鉄筋コンクリート（RC）造の柱梁からなるフレームの間にレンガを配筋しつつ充填する方法で、日本

図6　CM造を住民に説明するイカプトラ教授

図7　住民説明用ポスター

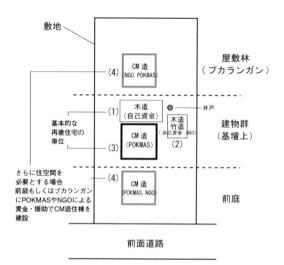

図8 再建住宅の屋敷地構成モデル図

の補強ブロック造や、補強レンガ造に比べて、柱梁が細くてすみ、専門家の指導の下、住民が自主建設できる工法である。これについて、大がかりな図解ポスターがつくられ、学生や研究者がこれを解説して住民に周知させた。さらにガジャマダ大学が提唱したのは、コア・ハウスによる復興である。イカプトラ教授らが主唱した仕組みでは、3m×3mのCM造の二連=18m²を基礎単位とし、コアとなるこの単位をまず建て、徐々に生活が安定したら、仕上げをし、あるいは拡張する仕組みである。自己資金と補助金で5.5坪の最小の住宅が手早く安く再建できる。

このほか、筆者らも共同して竹の仮設のつくり方モデルが考案され住民に示された。また瓦礫を現地で破砕し骨材化して、地区外に瓦礫を出さないための瓦礫破砕機の開発なども神戸大学COEとガジャマダ大学で共同で行った。レンガ・瓦なども隣接する地域内で焼成された。

住宅の再建復興過程と屋敷構成

住宅再建は、すべて現地に住民が住みながら、住民自身の手によって行われた。政府の補助金または建材支給、NGOによる支援金あるいは建材支給、自己資金を組み合わせ、木造・竹造・CM造住宅という異なる建物構造（材料）を時に応じて選びながら、徐々に住宅が再建されていった。図8は、再建建物の構造と再建資金及び過程を合わせて示した一屋敷地における再建位置の模式図である。

被災前からの、前庭、建物群、屋敷林（プカランガン）の三つの敷地利用を踏襲するかたちで、ここでの住宅再建は概ね以下の過程を経た。

まず発災後、チャンデン広場もしくは自敷地のテントで避難生活を送る。続いて自分の敷地の瓦礫をかた

づけ、以下の順序で再建が進んだ（(1)〜(4)の番号は図8と一致）。

(1) 基壇奥に位置する井戸の近くに、自己資金で木造住棟（図9）を建設する。これは緊急用の居場所としての応急住宅として建てられたが、この屋敷地のコア（核）として建てられた（竹の仮設が建てられたケースもある）。
(2) 竹造の別棟が(1)の木造住棟の近くにNGOの支援か、自己資金で建設する（後に倉庫や厨房となる）。
(3) 木造住棟の前面（街路側）にPOKMAS支援によるCM造住棟（図10）を建設する。
(4) さらに住空間を必要としたケースでは、前庭もしくは屋敷林にCM造の別棟を建設する（POKMAS、NGOによる資金・支援）。

このような過程を経て現れた屋敷構成は、前庭と屋敷林を有し、基壇奥の井戸から前面道路側へ木造住棟、CM造住棟の順で複数棟が一直線に並ぶものとなる。(1)と(3)の住宅はほとんどの住宅で存在する基本単位になっている。集落での現地避難、現地仮設、現地再建の方法をとりつつ、日常生活基盤と近隣社会関

図9　自己資金による木造＋竹造の住棟

図10　POKMASの支援によってCM造で建てられたコア・ハウス

case 17　被災集落の復元力・オンサイトの復興　　217

図11 再建された集落の一部

係を継続しながらの漸進的な復興が可能になっている。仮設住宅から恒久住宅へというステレオタイプの流れではなく、応急小住宅の建設を起点に徐々に環境を充実させ、この文脈が再現された。

集落の空間文脈の継承

この集落の再建過程は、きわめて示唆に富んでいる。その特徴を挙げてみる。①現地再建とし、集落外に仮設団地をつくらなかった。②そのためこれまでの住居配置や施設配置を尊重した再建がなされた。③POKMASという十数戸の隣保単位で何が必要かを時点ごとに協議し補助金や支援を有効に使った。④ゴトン・ヨロンという相互扶助と自力建設の組み合わせで早急にかつ廉価に復興を成し遂げた。⑤CM造の技術指導・普及活動により、自力建設の技術的問題を克服した。⑥コア・ハウスによる段階的再建の奨励により、まず最小住宅を確保し、徐々に要求を満たそうという希望が持てた。このような点が指摘できる。そのため

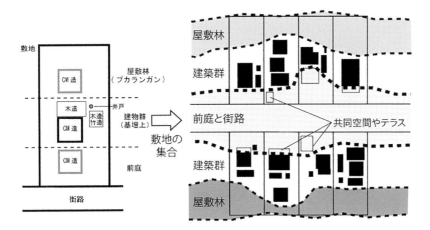

図12 前庭と屋敷林の連続、集落の空間文脈

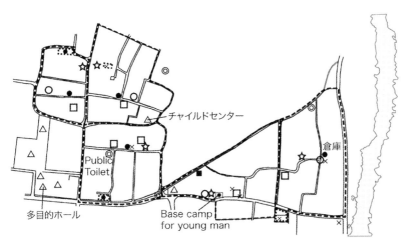

各RTの公共施設・共同空間
☆ RT長宅
○ コミュニティの集会のための空間
● ポスカムリン(夜警小屋)
□ モスク、礼拝所
▨ 墓地及び付属屋
■ その他の共同空間

◎ プレンブタン集落の公共施設・共同空間
△ チャンデン村の公共施設・共同空間
× 地震で倒壊、使用不能になった建物
● 地震直後にできた避難所
　• は避難所内の緊急避難用住宅、Posko
----- RTの境界

図13 地震1年後の集落と共同空間・公共施設

case 17　被災集落の復元力・オンサイトの復興

図14　復興を祝うお祭り

なによりも家族や近隣社会を継続しつつ、復興過程において生業の継続性も維持し得たことが特筆できる。

図11、12からは前庭が連続し、後背地に屋敷林がある集落構造がいくつかの新しい住居を取り込みつつ復興したさまを読み取ることができる。集落の空間文脈の継承は、共同施設の再建においても一貫しており、図13のように共同施設はある意味で被災前よりも豊かなものになっている。

9割以上の建物が倒壊・重度の損壊という被害を受けつつも、再建された集落が文脈性を豊かに継承したという事実は、多くの震災を経験した日本ではあり得なかったことである。

だが、現地に住民が継続的に住み、社会単位を維持しつつ、徹底した住民参加によって、漸進的に復興が進められたことが実は復興を早めた。簡素な建築と豊かな文脈が再生された。住民組織のもつ復元力こそがこれを可能にした。現地ではこの方法を、Community Based Reconstruction（コミュニティに根ざした復興）と呼んでいる。まちづくり運動の考え方に基づく方法であることに相違ない。

註
★1　プレンブタン集落はジョグジャカルタ特別州のバントゥール県ジェティス郡チャンデン村の15集落の一つである。なお、ジョグジャカルタ特別州は1市4県（Yogyakarta

市、Sleman県、Bantul県、Gunung Kidul県、Kulon Progo県）から構成されている。
★2 「RT（Rukun Tetannga）」は集落の下のレベルの行政単位である。モスク、墓地、ポスカムリン（夜警小屋）といった共同施設はこのRTごとにつくられており、祭礼行事等もこのRTごとに行われている。

参考文献

☆1 日本建築学会編『2006年ジャワ島中部地震災害調査報告』日本建築学会、2007年。

☆2 H. Yamaguchi, T. Shigemura, Y. Yamazaki, T. Tanaka, A. Hokugo, "Process and the Support Institutions for Housing Reconstruction in a Rural Village after the 2006 Central Java Earthquake," *The 7th International Symposium on Architectural Interchanges in Asia I*, AIJ, KIA, ASC, 2008, pp. 340-345.

☆3 山口秀文・重村力「建築と庭との関係からみた戸建て型まち並みの空間構成」『日本建築学会住宅系研究報告会論文集』4、2009年、113-122頁。

☆4 H. Yamaguchi, T. Shigemura, Y. Yamazaki, T. Tanaka, A. Hokugo, "Reconstruction of Rural Village Environments, focusing on Common Spaces and Public Facilities, after the 2006 Central Java Earthquake," Making Space for Better Quality of Life: International Symposium on Sustainable Community, ISSC 2009 in Yogyakarta, 2009.

☆5 田中貴宏・山崎義人・山口秀文・重村力・北後明彦「2006年ジャワ島中部地震後の農村集落における集落復興GISデータベースの作成とその解析」『日本建築学会技術報告集』29号、2009年、233-237頁。

☆6 山崎義人・田中貴宏・山口秀文・重村力・北後明彦「伝統的な建物配置や敷地構成の居住環境の再建への影響——2006年ジャワ島中部地震被災地であるプレンブタン集落を事例として」『日本建築学会計画系論文集』No. 639、2009年、1075-1083頁。

☆7 Josef Prijotomo, *Iedeas And Forms Of Javanese Architecture*, Gadjah Mada University Press, 1988.

☆8 Gunawan Tjahjono, "Center And Duality In The Javanese Dwelling," Jean-Paul Bourdier And Nezar Alsayyad (ed.), *Dwellings, Settlements and Tradition Cross-Cultural Perspectives*, University Press of America, 1989, pp. 213-236.

☆9 布野修司『カンポンの世界 ジャワの庶民住居誌』PARCO出版局、1991年。

☆10 山本直彦「12 ジョグロ．ヒンドゥ・ジャワのコスモロジー」、布野修司編『世界住居誌』昭和堂、2005年、108-109頁。

☆11 Nizam, "Community Based Reconstruction – Is it working?," The UGM-KU-UW Joint Symposium on Disaster Mitigation and Community Based Reconstruction論文集, pp. 17-26, 2007.

☆12 JICA『インドネシア国ジャワ島中部地震災害復興支援プロジェクト 短期専門家派遣（建築施工評価）専門家業務完了報告書』2007年。

case 18

伝統的住宅街区にみるレイヤーの重なり
コタクデ歴史的保存地区／コタクデ・インドネシア

イカプトラ　[監訳：重村力]

　ジャワ島中心部の歴史的王宮をもつ都市ジョグジャカルタにコタクデは隣接しており、ジョグジャカルタより古い王宮のあった歴史都市である。「コタクデ(Kotagede)」という名はジャワ語のクタ(kuta)とクデ(gede)という二つの語に由来している[☆15]。クタ(kutha)およびクデ(gedhe)はそれぞれ「街」と「大きな」という意味をもっている。コタクデは、かつてイスラム・マタラム王国の首都であることによって「大きな都市」と見なされていた。ジャワ島の長い歴史には二つのマタラム王国が存在しており、それぞれ古マタラム、新マタラムと呼ばれている。古マタラム王国は732年から910年にかけて栄えた王国で、ヒンズー教および仏教と関連が深い。そして、強大な支配者のいない時代が長く続いた後、東ジャワおよびジャワ北部の沿岸地域の都市からジャワ内陸部に移動してきたイスラム教を奉じる支配者が、1578年に新マタラム王国を打ち立て、今に至るまで存続している（図1）。都市コタクデは、最初のイスラム宮殿都市であり、ジョグジャカルタのスルタン制は新マタラムの最も新しい制度である。

　古マタラム王朝期には仏教のボロブドゥール寺院群やヒンドゥのプランバナン寺院群といった多くの著名な石造建築が生み出された。石造建築は、世界で最も活動の活発な火山のひとつであるムラピ山でも広く知られる地域において、ユニークな文化的風景を形づくった。古マタラム王朝から6世紀後の大都市コタクデは、煉瓦と木材による建築で特徴づ

左：新マタラム王国時代のコタクデのレンガ造建築

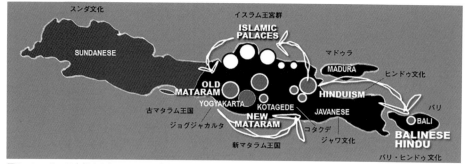

図1 ヒンドゥ王宮都市からイスラム王宮都市への変遷 ［図はジャワ島とバリ島。ジャワ島西のスンダ文化東のジャワ文化、東のバリ島にはヒンドゥ文化が描かれる。かつてヒンドゥであったジャワ地域にイスラム都市群が西北側に築かれ、古マタラム王国を形成、東漸して新マタラム王国に移行した。コタクデ古都の位置と現代のイスラム王宮都市ジョグジャカルタの位置が明示される。ジャワ島東部に残ったヒンドゥ文化はバリ島にわたる］

けられる。古マタラムの石造から新マタラムの煉瓦・木造への建築風景の変化は、生活文化と文明のダイナミックな変容のプロセスを示している（図2、3、222頁図）。

ジャワ島内陸部における最初のイスラム王宮都市として、コタクデの都市空間は、ジャワ島北部沿岸の都市、ラセム、トゥバン、ドゥマクなどの都市空間構成を下敷きにしていた。コタクデの都市は、それまでのジャワ島におけるイスラム都市に典型的なカトゥール・ガルタとして知られる四つの空間要素、すなわち王宮（クラトン）、モスク（メジッド）、市場（パサール）そして広場（アルン・アルン）によって構成されていた。しかし、ジャワ島内陸部のイスラム王宮都市の発

達過程は、ジャワにおける統治者たちが、以前の都市の4要素を承け継ぎつつ、そのパターンに合わせながら、巧みに新しいコンセプトを創造していたことを示している。図4で示すように1578年から1755年の新マタラム王国の王宮都市の空間構成の進化の過程を見ると、最初はコタクデのように基礎的な空間要素（カトゥール・ガルタ）を踏襲するという形態から、その後現れたカルタスラ（ジョグジャカルタ北東にかつてあった都市）の都市やスラカルタ（それ以降築かれたジョグジャカルタ北東に現存する都市＝別名ソロ）の都市空間のように南に広場アルン・アルンを加えて構造を変え、ついにはジョグジャカルタのように新しい精神的な都市軸（ヒンド

図2 プラオサン寺院、古マタラム王国時代の石造建築群［ジョグジャカルタ市北東のプレンブタン寺院を中心とするヒンドゥ遺跡群の一つ。プレンブタンの北東］

ゥから引き継いだ聖なる山から森と海にいたる自然の軸と一致する軸）の創造に帰結するという方向に移行したといえる。

新たなマタラム王国の始まりとなったコタクデもすでに4世紀以上の時を経ている。この都市は長い時間の中で形を変えており、さまざまなレイヤーを積み重ねて変化を体現していて、それが独特な都市景観に帰結している。コタクデの数々のレイヤーをあらためて読み解き、都市の変化のダイナミックな文脈に対して、

図3 コタクデのレンガ造建築のテクスチャー

case 18 伝統的住宅街区にみるレイヤーの重なり

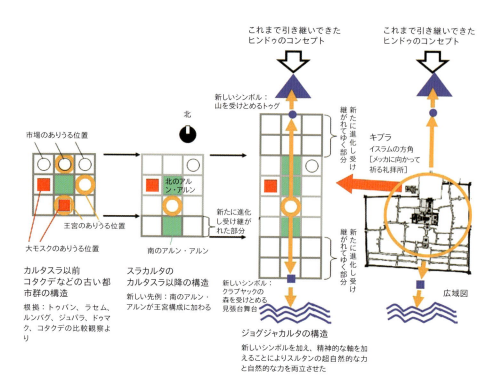

図4 ジャワ王宮都市の構造の進化変遷とコタクデ、ジョグジャカルタ

この都市がどのように生き残りつつ、どのように再生していったのかを推察すると、感動的でさえある。

第一のレイヤーの ダイナミックなパターン

ヴォルフガング・ブラウンフェルス[☆3 in ☆10]は、古代都市は王族の空間、宗教的空間、および市場空間の三つの空間から構成されると述べている。同様に、コタクデのもつ4要素もこれらに置き換えることができる。宮殿（クラトン）と広場（アルン・アルン）の要素は宗教空間を構成している。広場（アルン・アルン）は当初は西欧のような市街地の一部としての広場ではなく、宮殿の前庭であった。ムスジッド、あるいは市街モスクは宗教空間内に位置し、カウマン区域／カンポン市街モスクとして知られるモス

クの周囲のムスリムのコミュニティのための活動の中心地となっていた。一方、市場は、都市の日常的なニーズを満たす商業活動を実現する市場空間につくられた。言い換えれば、四つの要素は都市のランドマークや都市的オープンスペースとして個別に存在していたわけではなく、それらは都市の機能的な要素として隣接する区域での諸活動を生み出すためのものであった。しかし、これらの要素の役割や機能や脈絡が変化するとそれは周囲の空間をも変化させることとなった。

ほぼ4世紀半に及ぶ歴史をもつコタクデの歴史的都市部は最初期の様々なレイヤーを構成し、それらはダイナミックに成長しその延長空間や、今は消えてしまったレイヤーを含む諸層を生み出していった。最も重大な変化は、1645年に最後の国王を失ってから、支配力が衰退したことであった。コタクデにおける統治者の不在により、宮殿地区のシンボル的な要素が消え去り始めた。コタクデの王宮はなくなってしまった。宮殿地区では、ガジュマルの大きな樹の下に、都市の最も神聖な遺物、王がかつてそこで戴冠した石の玉座が残されている

アルン・アルンは、実際には市民が使用するための街区内の広場としてのオープンな公共用スペースではなく[☆12]、スルタンの尊厳を示す象徴であった[☆8]。アルン・アルンには、ソンソンと呼ばれる雨傘のような形をした一対のガジュマルの樹々があり、王とその権威の重要なシンボルとなっていた[☆1]。アルン・アルンはまた、裁判の召集（ペペ）、まるで競技のような国軍の訓練、イスラムの祭りなど重要な行事が行われる場所でもあった[☆13, 14]。しかし、宮殿地区の前庭の一部であったことから、アルン・アルンはまた、統治を行う権力が衰退すればその存在が脅かされるものでもあった。コタクデでは、アルン・アルンは今日もはや広場としては機能しておらず、カンポン・アルン・アルンと呼ばれる伝統的な都市的居住区に完全に変わってしまっている。当初のオープンスペースとしてのアルン・アルンのレイヤーは、密集した居住区の新しいレイヤーに覆われる形となった。

歴史を通じて、「市場は人」であり、近隣に住む人々の日常的な生活上の需要を満たすのに必要なもので

図5　コタクデモスクとそのお祭り

ある [☆4, 17]。市場というものは人々の生活にとって本質的に必要なものであり、いまもかつてと同じように機能しているという事実がそれを証明している。大きなモスクが、高貴な家族と一般の人々の毎日の宗教的生活を支えている事実は、歴史の古い都市ではいまでも、どこでも見ることができる [☆6]。ジャワの都市のこの構成要素は、イスラム的な指導者、またはコミュニティをもつカウマンと呼ばれる居住地をその周囲に発展させてきた。コタクデの都市モスクはまた、イスラム教の礼拝および布教の場所としての役割も何世紀にもわたり保ち続けてきた。コタクデのモスクは煉瓦でつくられたスプリットゲート式のたいへんユニークな特徴をもつ。これは東ジャワのヒンドゥ文化、すなわち今日のバリ島ヒンドゥ文化とも関わりの深いものである。また山のように積み重ねたタ

ジュグと呼ばれる屋根は特徴的であり、聖なる建築であることを表現している。モスクの建造物群の外観は、コタクデの最初期の雰囲気をよく保っていると考えられている（図5）。

民俗的遺産のレイヤーとその脆弱性

コタクデにおける都市の四つの要素に関して、大規模な建築と広場が王（スルタン）たちに属するものであるならば、都市全体に広がる数多くの伝統的な家屋の近隣区域ごとの集まりは、民俗的建築遺産と考えることができる。コタクデの民俗的建築遺産は、二つのタイプに分かれる。カラン型の住居とジャワの伝統的な住居である。カラン型住居は、カランまたは商業従事者の家族が居住するタイプで、2007年のユネスコ調査報告にあるように、折衷的なアプローチで住宅建築を表現しており、ジャワとヨーロッパの両スタイルを混合した外観が特徴的な様式となっている。ほとんどのカラン型住居は、表通りに位置している。一方、伝統的なジャワ式の住居は、しばしば住宅区域内に建てられ、少なくとも次の三つの要素から構成されるものである。(a) プンドポ、(b) プリンギタン、(c) ダルム／オマー。このうちプンドポは、4本の柱（ソコグル）で支えられた多重式の水平の梁（タンパン・サリ）の上にジョグロと呼ばれる四角錐型の屋根が形づくられている、開放的な平面のユニークな木造建築である。プンドポは、訪問客の接待や、ジャワの文化的活動（踊り、音楽の練習等）、またその他の裕福なジャワ人家族の生活を象徴するような用途に使われていた。ダルム／オマーは文字どおりには家、またはプンドポに似た木造の構造をもつ比較的大きな家のことであるが、家族の生活上の活動に適合するよう壁による仕切りが加えられている。プリンギタンはプンドポとダルム／オマーの間の直線的なスペースで、家族のまつりごとにおけるリンギットやワヤンと呼ばれる影絵人形芝居が行われる場所として機能する。これら三つの主要な要素の他に、カンドク（左側または／および右側に位置）およびガドゥリ（後方に位置）と呼ばれるパビリオンスペースを設けている家もある（図6ab）。南の海の女王でありマタラム王国を守護していたジャワの女神——ニャイロロキドゥル——に敬意を表して、家々はすべて南向きに建

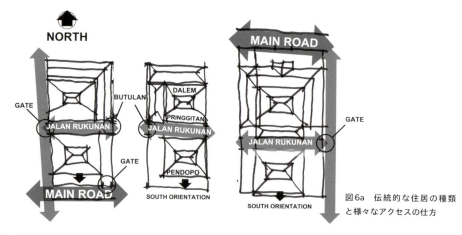

図6a 伝統的な住居の種類と様々なアクセスの仕方

図6b ダルム（オマー）をプンドポから見る［プンドポは接客空間・芸能空間または男性のくつろぐ場。主屋のダルムとの間はプリンギタンと呼ばれる］

てられている [☆11 in ☆18]。南に面している伝統的な家屋はそれぞれ壁に囲まれ、隣家と接続扉（butulan）でつながっている。

コタクデの伝統的住居のこの構成は変化しており、時には一部またはすべてが失われてしまっている。相続時の分割、機能の変化、経済的な理由、災害の影響や復興時の被災部分の改築や再建などがその原因である（図7、8）。プンドポが他の要素や部分と比較して最も変化を被りやすかった。プンドポは相続時の分割が起きた際に居住用のスペースとなり、その多くが経済上の理由から、所有する家族により取り壊されたり売られたりした。またいくつかは、2006年の地震発生時に完全に倒壊してしまった。一方ダルム／オマーは、そのほとんどが住宅として、いくらかの改修を経て今も機能している。多くのパビリオン（カンドク／ガドゥリ）付きのダルムもまた地震で損傷を受けた。プリンギタンは、影絵人形の設置場所から建物の間の直線の通路へとその機能を変えた。プンドポあるいは他の建築物がかつて建てられていた土地のいくつかは、空地となるか家庭菜園／緑の庭（kebon）とし

図7　2006年のジャワ島中部地震で倒壊したコタクデのプンドポ

図8　伝統的なジョグロ＝ジャワ式民家の震災後の再建過程

case 18　伝統的住宅街区にみるレイヤーの重なり

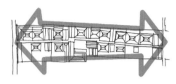

二つのゲートをジャラン・ルクナン（内路地）でつなぐカンポン・アルン・アルン

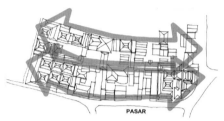

市場の北側。主要路地以外に二つの内路地が発展してゆく

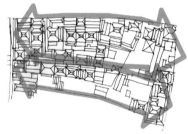

クリテナン街区。主要路地と一つの内路地で広くカバー

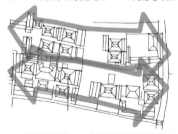

オマーUGM（ガジャマダ大学が震災後復興させた家＝共用）街区
二つの内路地およびその延長線が発達中

図9a 直線的に並ぶコタクデの伝統住居群の内路地の文脈4パターン

てつくり変えられるか、またはしばしば他者に売却された。空地を再利用してプンドポあるいは他の伝統的なタイプの住居が再建造されることは稀であった。2006年の地震により被災したプンドポや伝統的家屋の再建への多くの努力は、ジャワの歴史的な都市の一つとしてのコタクデのアイデンティティの回復を目指したものであった。

最も新しいレイヤーの個性

プンドポ、プリンギタン、ダルムの三つの構成要素をもつジャワ式の住居のほとんどは、姉妹住居と隣り合って配置され、東西に並ぶ住居群を形づくっている。こうした、東西に列をなす三つの基本構成要素を有する伝統的な住居群は、コタクデの伝統的な居住地のユニークな初期レイヤーと考えられる。当初は、伝統的な居住地のほとんどが南側に入り口か連絡路地をもっており、その一部のみが南側と北側の両方からのアクセス、または南側からのアクセスに加えて東西どちらかの側に側面入り口を備えていた。

1986年に書かれた論文[☆18]では、この居住地の建築遺産の形式に由来するパターンを発見し、それを「二つの門の間のコタクデ」と名づけている(図9ab)。この論文では、カンポン・アルン・アルンにおいて、中央部分のジャラン・ルクナンと呼ばれる路地(内路地)で相互に連絡している伝統的な住居で構成される、東西に延びた直線的な住居の一群の調査を報告している。ジャラン・ルクナンは文字どおりには「静かな通り」を意味し、周囲に住む家族が共有する土地を使って、それぞれの家と近隣地の間を行き来するための共通のアクセスをもたらすようつくられているものだ[☆7, 9]。コタクデではジャラン・ルクナンは、兄弟姉妹や親しい隣人たちの住む家々の特にプリンギタンの部分をつなぐ、伝統的な居住地区の直線的な部分として形成された。ジャラン・ルクナンの小路はパターンとして常に完全に直線的というわけではないが、連続した細長い空間を形づくるものである[☆18]。「二つの門の間のコタクデ」における相互に連結している伝統的な住居群は、この連続的な通路ジャラン・ルクナンの両端にある門が区切りとなっている。相続による分割だけでなく、機能の変化や経済的な理由など——実際に

図9b　ジャラン・ルクナン（内路地）の入り口となる街路に面したゲート

いくつかの住居はコタクデで代々暮らしてきたわけではない家族に売却されてしまっている——を考慮すると、カンポン・アルン・アルンにおける「二つの門の間のコタクデ」は、地域特有の直線的な居住地域の形成に至る隣人同士の良好な合意プロセスの完全な例だと考えられている。

カンポン・アルン・アルンの「二つの門の間のコタクデ」以外の地域の観察から、私たちは最初期の居住地のパターン、つまり南側にアクセス用の連結をもつ東西に延びた直線的な住居群を説明できる他の事例も見出すことができた。事例のいくつかは、プリンギタンの部分が連続したジャラン・ルクナンとなって居住地の中で住居同士を連絡する唯一のアクセスとなっているかどうかを示す例となっていた。ジャラン・ルクナンのい

図9c　ジャラン・ルクナン（内路地）の表情

くつかは直線的に連続はしておらず、直線的に連なる住居群の中央部分もしくはその土地が他者に売却されている住居の地点で、止まっているか左右どちらかに曲がっていた。クリントナン、プカトゥン、ウンドラカン・クロン、オマー UGM（2006年の震災後、UGMガジャマダ大学が再建した民家）の一群、オマー・ローリン・パサールの一群の調査報告は、そこに暮らす家族や兄弟姉妹がどのように路地の形成に関する合意に至ったかを示している（図9c）。また、ここではゲートのあるなしにかかわらず、入口のあるジャラン・ルクナンが、この道に側面を接する伝統的住居群の機能や状態の変化によって影響を受けることが明らかになった。

独自性の問題

歴史的遺産を指定するに際して、コタクデは、その独自性とは何なのかという問題に直面することになった。長い歴史をもつコタクデの都市

は、ダイナミックに変化する未来の状況の中で生き残るため、既存の固有のレイヤーの上に、新たな都市的なレイヤーを間違いなく生み出していくだろう。エリクソンとロバーツは、「独自性（identity）」を「その場所を特定もしくは選び出し、他の場所に比して固有なものつくり出す属性」と定義している[☆5 in ☆2]。コタクデの独自性とは、今日見られる建築や都市形態の様々なヴォキャブラリーと、コタクデの環境が地域社会に対してもつ意味と価値の両者を反映したものであるべきだろう。草創期の都市的レイヤーにおける都市の空間要素、民俗的遺産のレイヤーを構成する伝統的な住居群の状態、および現在のコタクデのダイナミックなレイヤーにおける「二つの門の間の」直線的な住居配置の形成は、独特な空間を築いた文化的遺産として捉えるべきであり、決して特定の建築形態の保全にのみとどまるべきではなく、コタクデの地域社会の日常生活の意味と価値の継承として考えることが大切である。

参考文献

☆1　Behrend, Timothy E.,"Kraton and Cosmos in Traditional Java," A thesis submitted for the Degree of Master of Arts (History), University of Wisconsin-Madison, 1982.

☆2　Bilgenoglu, Burcu, *Changing Meanings Of Place Identity*, A Commentary Bibliography Series, IAED 501 Graduate Studio, 2004, 出典: http://www.art.bilkent.edu.tr/iaed/cb/burcu.html, 2005年6月25日閲覧。

☆3　Braunfels, Wolfgang, *Urban Design in Western Europe, Regime and Architecture, 900-1900*, Translation, Chicago/London: University of Chicago, 1988.

☆4　Epstein, Bart J., "The Trading Function," In Gottmann, J. and Robert A. Harper, *Metropolis on the Move. Geographers Look at Urban Sprawl*, New York: John Willey & Sons, 1967.

☆5　Erickson, B., Roberts, M., "Marketing local identity," *Journal of Urban Design*, 2(1), 1997, pp. 35-59.

☆6　Ikaputra, "A Study on the Contemporary Utilization of the Javanese Urban Heritage and its Effect on Historicity," Doctoral Dissertation, Department of Environmental Engineering, faculty of Engineering, Osaka University, Japan, 1996.

☆7　Ikaputra, "Reconstructing Heritage Post Earthquake. The case of Kotagede, Yogyakarta Indonesia," in *Journal of Basic and Applied Scientific Research*, 1 (11), 2011, pp. 2364-2371, 2011 ISSN 2090-4304.

☆8　Ikaputra and Narumi, Kunihiro, "A Study on the Transformation of Symbolic Square in Javanese Historical Cities," *Papers on City Planning*, no. 29, City Planning Institute of Japan, 1994, pp. 337-342.

☆9　Indartoro, L., "The Role of Jalan Rukunan in the Kampung of Kotagede Yogyakarta," in *Journal of Media Teknik*, no. 1 XXII, February 2000, pp. 30-33, ISSN 0216-3012.

☆10　Kostof, Spiro, *The City Assembled. The Elements of Urban Form through History*, London: Thames and Hudson, 1992.

☆11　Nakamura, Mitsuo, *Bulan Sabit Muncul Dari Balik Pohon Beringin*, Yogytakarta: Gadjah Mada University Press, 1983.

☆12　Pigeud, Th. G. Th., "De Noorder Aloen-aloen te Jogjakarta," in *Djawa* 20, 1940.

☆13　Raffles, Thomas Stamford, *The History of Java*, Vol. II. Kuala Lumpur: Oxford University Press, 1817.

☆14　Ricklefs, M. C., *Jogjakarta Under Sultan Mangkubumi 1749-1792. A History of the Division of Java*, New York: Oxford University Press, 1974.

☆15　Suryadilaga, Muhammad Alfatih, "Living Hadis Dalam Tradisi Sekar Mekar," In *Journal Al-Risalah* vol. 13. no. 1, May 2013, pp. 163-172.

☆16　Van Mook, H. J., "Kutha Gedhe," indonesian Translation of Original article written by H. J. van Mook in *Tijdschrift Batavia's Genootschap voor Taal, Land en Volkenkunde* (TBG), 1926, Jakarta: Departemen Pendidikan dan Kebudayaan, 1986.

☆17　Weber, Max, *The City*, New York: The Free Press, 1996.

☆18　Wondoamiseno, Rachmat and Basuki, Sigit Sayogya, *Kotagede between Two Gates*, published under the visiting Professor Program between department of Architecture, Faculty of Engineering, Universitas Gadjah Mada and School of Architecture and Urban Planning, University of Wisconsin-Milwaukee, 1986.

case 19

伝統的住宅の拡張・再構成による多世帯化
カウマン・カンポン／ジョグジャカルタ・インドネシア

レトナ・ヒダヤー　[監訳：重村力]

　ここでは、ジョグジャカルタの王宮（クラトン）に隣接するカウマン地区の長い歴史をもつ都市型カンポン（kampung）居住地における開発と変容を紹介する。ここでは、個々の敷地の小再開発と住宅の空間変容に焦点を当てる。インナーシティの古いカンポンの空間利用のダイナミクスを理解することは、ジョグジャカルタ市街地の自然に形成された居住地に適切な住宅地改良計画を立案するうえで、今後参考になる。

カウマン・カンポン、歴史ある居住地区

　カウマン（Kauman）はジャワ語でkaum（イスラムの指導者）のための場所という意味である。カウマン・カンポン（Kampung Kaumann）は当初、王族に仕えていた、大モスクを中心としたイスラムの諸活動の組織を担当する指導者たちのための居住地区であった。彼らとともに藍染（バティック）の染め元もまた地区に居住し、ジャワのイスラムの地区の特徴である伝統技能と地場経済の復興に役割を果たしていた。ジャワのイスラム王国として、ジョグジャカルタはモスクを備えるとともに特徴のある王宮を有し、かたわらに広場・市場を有していた。カウマン・カンポンの存在は、ジョグジャカルタの王宮形成の重要な要素である大モスクとは切り離せないものである。ジョグジャカルタの都市圏への発展およびインドネシア独立後の王国の影響力の減少と共に、カウマン・カンポンの村は変容を経験することになった。しかしながら、イスラムの居住エリアとしてのカ

左上下：カウマン・カンポン ジャラン・ルクナン（内路地）の親密性

ウマン・カンポンは存続し、最近ではムスリム・コミュニティの歴史をとどめる地区としてもその意義を認められている。

ジョグジャカルタの都市発展に伴い、この地区にも都市化の波が押し寄せた。その結果、カウマン・カンポンはより人口の密集したエリアとなった。カンポンは新住民たちの新しい住宅地になった。カウマン・カンポンの多くの空間には様々なタイプの新しい住民が住むようになり、その中にはイスラム的生活の維持・継続に熱心なものもいる。以前のイスラムの指導者の後継者たち（伝統的なバティック職人の家族らも含めてカウマン・カンポンの「先住者」と呼ばれる）と共に、新しい住民たちは大モスクを中心とする宗教活動を継続している。

ダーバン（ムルヤチより重引）は1995年、カウマン・カンポンの共同体が宗教的関係および親族関係の結果として強固な関係性を保持していることを特筆している。カウマン・カンポンは面積19万2000m²に及び、最近の調査では2978名いる居住者のうち65％が居住者同士の親族関係にある。現在の居住者の職業は多岐にわたるが、ほとんどが事業主（30.8％）か退職者（26.9％）である。

その他の職業は公務員（18.6％）、会社員（14.3％）、作業員（9.4％）となっている。労働の分野は異なるものの、先祖たちと同じく、起業家精神は居住者たちの間に根づいているようである。現在の起業家たちは、衣服の仕立て、布地製造またシルク・スクリーニング印刷、食品製造、およびケータリングといった様々な事業を行っている。

土地保有の発展

カウマン地区在住のイスラムの指導者たちに、スルタンは居住用の土地を与えた。スルタンは、大モスクの西側の貸し出し用土地区画の使用権をつけて提供した。この第一のシステムでは、土地を貸与されたイスラム指導者たちは土地税の支払いを免除されていた。次いで、染め元が地域に住み始めるのに対応して、カウマン・カンポンにおける第二の土地管理のシステム（マゲルサリ・システム）が登場した。染め元たちにも、スルタンはイスラムの指導者たちに行ったのと類似したかたちで土地区画を授与したが、染め元たちは周囲に住む必要のある多くのバティック職人

図1　大モスク、ジョグジャカルタ

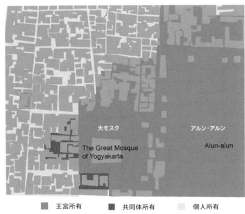

図2　カウマン・カンポンの土地保有システム

たちを雇用していたため、染め元たちは彼らに土地の使用を認可した。

　1926年のスルタンによる布告でジョグジャカルタの土地保有状況は変容することとなった。布告は、使用権を有する者に、土地の所有権を与えることを明記した[☆1]。これは自動的に発効したのではなく、土地の使用者からスルタンへの申請が必要であった。まずはイスラムの指導者たちへ、続いて染め元たちへ、そして様々な他の地区居住者たちへと土地が与えられ、カウマン・カンポンは徐々に土地所有を伴うものに変わっていった。彼らの後継者は相続することができたが、伝統的なシステムの中で当初から行われていた土地相続の方法も今日まで継続している。

　インドネシア政府が1960年に導入した土地配分基本法（Basic Agrarian Law, BAL）は、伝統的な土地システムと近代的なそれの折衷的な法令であった[☆5]。古いシステムは形式の上では法令により廃止されたが、現実には伝統的な土地管理と新しいそれの両方が区別されずに用いられた。図2はカウマン・カンポンにおける土地保有を単純化して示したものである。土地保有は、所有者に基づいて王宮所有地、共同体所有地、個人に属する民間所有地の三つのカテゴリーに分類されている。この図では、インドネシア共和国土地システムにより登録済の土地と伝統的な土地システムの

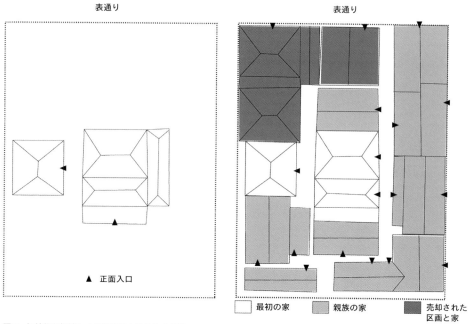

図3 伝統的な相続と土地取引による土地の分割

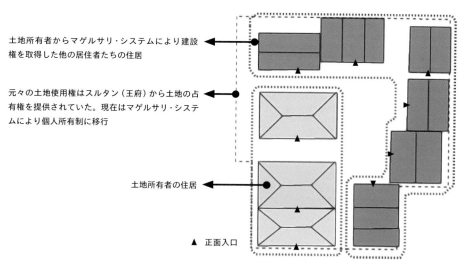

図4 マゲルサリ・システムの下での土地の分割

下での未登録地に分類される民間所有地の複雑な状況は示されていない。

複世帯型住居

ボネフ（ムルヤチより重用）は、カウマン・カンポンを、異なる方向を向いた入り口をもつ、境界のない密集した住宅の集まり、と物理的に定義している。そうした住宅の集まりをつなぐ終わりのない細い街路は、ガングと呼ばれる主要な路地とジャラン・ルクナンと呼ばれる内路地の形を取りながら、カンポン内の主な移動経路となっている。カウマン・カンポンの区画の発展を説明することにより、そうした空間構成の形成プロセスを明らかにすることができるものと思われる。

初期の段階では、土地所有者であるスルタンにより、最初の土地の分割がマゲルサリ・システムの下で区画ごとの土地の授与というかたちで始められた。イスラムの指導者、染め元、およびその他の都市住民たちも、住宅を一戸建てられる土地の区画を授与された。授与された土地は一家族用の住宅を建てるのに十分な広さであり、庭（前庭、側庭および裏庭）を通常伴うジャワ式の伝統家屋を建てることができた。ジャワの人々は生活空間とは屋内と屋外の空間の相互関係から構成されるものだと考えていたことから、庭は住居において重要な要素の一つとされていた。イカプトラは貴族や王族の住居における庭の重要性を強調している。前庭は景観と建造物の特長により示される土地保有者の気高さを表現しており、裏庭は貴族のための個人的な生活用途を満たすものであった。こうした貴族の住居は、通常塀で区切られており、中に入るにはゲートウェイを通らなければならなかった。貴族の住居とは異なり、カウマン・カンポンの住人の場合は、そのほとんどは明確な境界線を使って住居を構成する必要はなかった。庭は、他の隣人たちが通路にできる連絡路用にも用いられていた。

都市化のプロセスは、カウマン・カンポンをさらに人口密集地域にしていった。区画内の単独の住居は、複合住居へと変容した。伝統的なジャワ式住居の重要な要素の一つとなっていた庭は、開発されて他の単独住居が建てられた。複合世帯住居は、親族関係に基づくものと利益による関係に基づくものの二つのカテゴリ

ーに分類される[☆4]。親族関係に基づく複合世帯住居は伝統的な土地相続システムの下で管理され(図3)、利益による関係に基づくものはマゲルサリ土地相続システムの下で管理された(図4)。多くの場合、建物は区画内に公共道の存在に関係なく建てられており、建物を特定の方角に向けて建てる伝統的な考え方を住人たちが厳格に守っていた以前の時代には特にその傾向があった[☆4]。様々な形式のゲートは、ゲートウェイとしてだけではなく、公共道としての印にもなっている(図5)。

単独世帯住居から複合世帯住居への住居区画内での発展は、一方で居住地全体の構造にも影響を与えた。公共の街路の構造は、区画の発展により再分割されて時と共に変化し、多様な形と空間の深みをつくり出した。道が続くこともあったが、時には強い囲い込みや弱い囲い込みが発生して道が行き止まりになることも起きた。住民の間の話し合いにより、多くの街路が民間から公共の管理へと移行し、それらのほとんどが居住地の「主要街路」として機能するようになった。街路構造はまた間接的に、居住地内部でのアクセスのしやすさに基づいて、個人所有の区域の奥行きと空間の階層構造にも多様さを生み出した。ハルヤディも述べているように、その階層構造の質と奥行きを表すとも言える公共の街路は人々にとって互いに交流を深めたり集まったりする公共空間となり、ジャワ式の居住地において重要な社会的な場所として機能した。

16の区画例における土地保有の移行プロセスについては、伝統的な相続システムが区画内での土地の分割の大多数において適用されており、調査対象の区画全体の62.7％を占めている[☆3]。ほとんどの住人が土地を家族に代々伝わる資産と見なしており、土地は住人にとって資産であるだけでなく、持ち主の存在そのものを表すものとなっている。サイリンが言うように、土地の所有者たちが自身の存在を維持し、土地を持ち続けるよう努力しているのは驚くべきことではない。そういった努力は、住人たちが土地を失うことは存在を失うことにつながると考えていることを示しているのである。子孫や親族のための土地の分与は、多くの土地所有者にとっては存立の基盤を失わないように行われるものとなる。

それは住人の親族関係を区画内に具現化するものでなければならなかったのだ。イスラムの指導者と染め元の両者および他の居住者たちには、土地資産相続のメカニズムを通じて彼らのカンポンでの存在を維持する必要があったのだろう。

　土地取引によって譲渡された土地は区画例の土地合計の32％を占める。24.5％の土地が親族、知人、その他の縁のある人々に譲渡された。多くの土地がカウマン・カンポン自体の住人に第一に譲渡されている。7.5％の土地が未知の相手に譲渡されている。このような場合には、既知の誰か（土地所有者の親族もしくは知人）が当初は買い手の候補者を土地所有者に紹介する仲介者の役割を担っている。一方、カウマン・カンポン内の親族関係は、区画の開発や分割の大部分に影響している。このことは、空間的・物理的開発が、社会的なネットワークによって管理されていたことを示している。

単独家族から複合家族型住宅への移行

　現地特有の住居は、主としてリマサン型屋根やカンポン型屋根をもつ典型的なジャワ式の家屋の形へと発達しており（Tjahyono, 1989）、それが一般人に通常使われる共通の住居タイプとなっている。ほとんどの古いタイプの家屋が南に面しており、新しいタイプの家、特にカンポンがより人口が密集したものに徐々に成長していった以降のものは、様々な方角を向いて建てられている。住居の空間的な構成は、公私の段階に応じて部屋および空間の区切りをもつ典型的なジャワ式住居のものに概ね従っていた。多くの場合、特に染め元の住宅では、中国趣味やコロニアル趣味の装飾品が飾りの一部として家を彩っていた。

　結婚後のジャワ人にとって、新しい、核となる自立した家をもつことは重要である。住居は家庭の存在を決定づけるものと見なされており、家と家族という概念を反映していくものである。ジャワ語では、住宅と家は共にオマー（omah）で、結婚した者はオマーオマー（omah-omah）、家庭の主婦はソマー（somah）と呼ばれる。サイリンが言うように、こうした語彙は、住宅がジャワ人にとって家族の存在を反映するものであることを示している。そのような目的か

図5　多様な形式のゲート

図6　階層的・有機的秩序を持つ公共空間

表通り

主要路地（gang）

内路地（jalan rukunan
［親密な道の意］）

ら、ジャワの人々は一般的に、長い時間がかかるものではあるけれども、生きているうちに住居を完全な形で建てておこうとする。彼ら自身の存在が住居の存在によって認められることになるからである。

現在、都市部では住宅問題が発生している。様々な理由から新しい家を得られない若年層のカップルは少なくない。ジョグジャカルタの2万2409世帯（市全体の22.16％）が住居を得られる状況になく、家族や親戚の家に居住している。カウマン・カンポンも、この住宅不足に直面しているジョグジャカルタのカンポンの一つである。1995年～2010年の15年間におけるカウマン・カンポンの住宅開発はまったく成長しておらず、住宅戸数は385に留まっている。一方、人口は1995年の2600人から2010年には2978人に増加し、世帯数も1995年の474世帯から2010年には531世帯となっている。こうした増加は、住宅の不足率の1995年の23.1％から2010年の32.2％への増大となって表れている。これは、カウマン・カンポンにおいて他の世帯と住居を共有する世帯が増えていることを意味している。

カウマン・カンポンの伝統的住宅群のストックは、都市カンポンが住居供給の潜在力をもちうることを示していて、新旧の居住者たちにもっと住居を提供できる可能性がある。このような住居利用は歴史的文化的生活の価値を伝承持続していく可能性にもつながる[☆7]。多数の現地固有の伝統的住宅は拡張、再構成されて家族やその他の住人のためにより多くの住居をつくり出している。核家族用の住居は複数の家族が住む複合家族用住居へと変化した。図7は1995年からから2010年の15年間に、1世帯あるいは2世帯の家族が住む住居が減少し、対照的に3世帯あるいは4世帯の家族が住む住居が増加したことを示している。一つの住居により多くの家族が住む傾向が現在まで続いていることが見て取れる。

結論

1. 住居区画は徐々により小さな区画へと分割され、様々な形、大きさ、奥行きをもつ区画が生まれた。カウマン・カンポンでは再分割された土地の権利の譲渡は32％が土地取引によって行われ、62.7％が伝統的な相続によって、また5.3％がマゲルサ

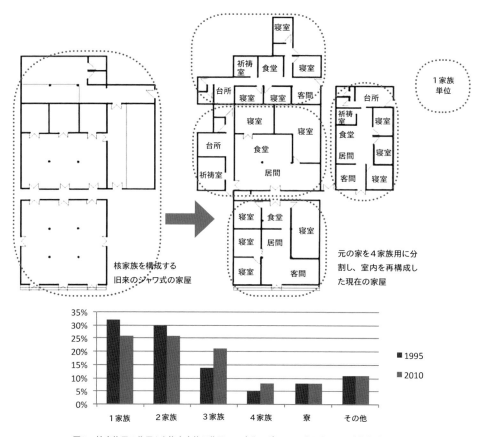

図7 核家族用の住居から複合家族用住居への変化。グラフは1住居あたりの家族構成

リ・システムによって行われた。それは、この開発が空間的にも物理的にも社会的調和によって、また社会的調和を目的として管理されていたことを示すものである。

2. 住居区画を占める家屋は、単独家族型のものから複合家族型のものに変化した。複合家族型のものは親族関係もしくは雇用や庇護による関係に基づいて機能していた。有機的に発生するかのような柔軟な秩序は確定的な秩序とは対照的に、様々な状況に対応した路地や宅地の秩序をつくり出している。公共の街路・路地の構造は、住居区画が開発されるのに応じて、様々な空間の形や奥行きを生み出しながら対応することができた。街路構造により、連続していく形または行き止まりの形の街路が生み出されることもあり、また強

いもしくは弱い土地の囲い込みが形成されることもあった。こうした開発によって偶然、私的領域の奥行きに変化が与えられ、入って行きやすい空間が生まれることもあった。空間の公私の段階性にかかわらず、公共の街路は人々にとって互いに交流を深めたり集まったりする公共スペースとなっている。

3．カウマン・カンポンの伝統的住宅群のストックは、都市カンポンが住居供給の潜在力をもちうることを示していて、新旧の居住者たちにもっと住居を提供できる可能性がある。こういう古いまちに新しい人々が入ることによって、都市にあっても歴史に根ざした文化的生活を継続して保持することができる。多数の現地固有の伝統的住宅は拡張、再構成されて家族やその他の住人のためにより多くの住居をつくり出している。核家族用の住居だったこの地区の住宅ストックは複数の家族が住む複合家族用住居へと変化したのである。

参考文献

☆1　Adhisakti, Laretna, "A Study on The Conservation Planning of Yogyakarta Historic-tourist City Based on Urban Space Heritage Conception," unpublished dissertation, Kyoto University, Japan, 1997.

☆2　Guinness, Patrick, *Harmony and Hierarchy in Javanese Kampung*, Oxford University Press, Singapore, 1986.

☆3　Hidayah, R., Shigemura, T., "Culture, Continuity, and Change: The Shift of Single into Multifamily in Individual Javanese Dwelling," *Proceeding of 5th International Symposium on Architectural Interchanges in Asia*, Matsue, Japan, 2004.

☆4　Hidayah, Retna, "Dynamics of Spatial Use in Urban Kampung Inhabitation: The Case of Middle Low-Income Settelement in Yogyakarta," unpublished dissertation, Kobe University, Japan, 2006.

☆5　Hoffman, Michael L, "Unregistered Land, Informal Housing, and The Spatial Development of Jakarta," in Kim, Tschango John (ed.), *Spatial Development in Indonesia: Review and Prospect*. Avebury, England, 1992.

☆6　Ricklefs, MC., *Jogjakarta Under Sultan Mangkubumi 1749-1792: A History of Division of Java*, Oxford University Press, New York, 1974.

☆7　Tipple, A Graham, "Housing Extensions as Sustainable Development," *Habitat International*, vol. 20 no. 3, 1996, pp. 367-376.

☆8　Tjahyono, Gunawan, "Cosmos, Center, and Duality in Javanese Architectural Tradition: The Symbolic Dimension of House Shapes in Kotagede and Surroundings," unpublished dissertation, University of Berkeley, 1989.

case 20

営みの持続を支える手法と実践
再生・復興事例／ジョグジャカルタ周辺・インドネシア

中井邦夫

まちの再生・復興
——その手法と実践から

　本章では、前章までに紹介された事例に加えて、インドネシアのジョグジャカルタ周辺における、建築やまちに関する他の再生・復興事例について、2015年度に神奈川大学アジア研究センターで実施した視察調査の結果も踏まえつつ、とくに手法や活動主体、およびその実践に注目しながら紹介したい。その一つは、ジョグジャカルタ市中心部のチョデ・カンポンである。カンポン（kampung）は、日本の古い町家街と同様、その保全と持続が問題となっているが、前章までに紹介したコタクデのそれやジョグジャカルタのカウマン・カンポンのように歴史的に成立してきたものとは異なり、チョデ・カンポンは1970年代以降の不法占拠から生じた、いわば近現代都市のスラムであるにもかかわらず、その居住者らの主体的な活動によって、特色ある都市居住空間として再生されたことで注目されている事例である。また災害からの復興事例として、ジャワ島中部地震からのカソンガンの復興事例を取り上げたい。case 17で紹介したプレンブタン同様、カソンガンもオンサイトによる復興事例だが、その特徴は「コア・ハウス」という考え方に基づく点であり、この手法はその後のムラピ山噴火における復興でも導入された。さらに、同じくジャワ島中部地震の復興において、ガジャマダ大学が中心となって推進された、コタグデにおける復興拠点であるオマーUGMについても触れたい。

左上：チョデ・カンポンとチョデ川
左下：川へ下る階段と竹を使った建物

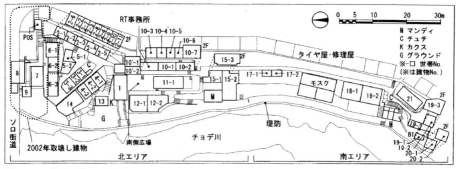

図1　チョデ・カンポンの配置図 [☆2、3]

図2　同断面断面図 [☆2]

チョデ・カンポン(Kampung Code)

　ジョグジャカルタ市のほぼ中心部東寄りの地区を南北に流れるチョデ川沿いの斜面地には、1970年代以降多くの人々が流入しカンポンを形成した。現在は約10kmにわたって約15のカンポンが存在し、全域では1993年時点で、面積約240haの土地に約3500人が住んでいたとされる [☆1、2]。ここで紹介するのは、その中央部に位置するカンポンの一つで、面積約3600㎡の急斜面地に約130人が暮らしているとされる、チョデ・カンポンのなかでも最も狭く密度が高い地区である（250頁上図）。通称ロモ・マゴン (Yousef Bilyarta Mangunwijaya、1929~99) と呼ばれる、カトリック神父でありながら著述家、建築家でもある人物が、1980年代からこの地に住み込み、住民たちや芸術を学ぶ学生らとともに自主的に設計、施工したことで広く知られる。1985年にひとまず完成したとされ、1992年にイスラム社会において最も権威ある建築賞の一つであるアガ・カーン賞を受賞した [☆3]。チョデ川に架かるソロ街道沿いの橋のたもとにある小さなゲートをくぐると、川沿いの斜面を斜めに下りていく階段がある（250頁下図）。階段途中のテラスは共用の洗濯物干し場である。敷地内には、大小の建物がひしめき合って建ち、その間を路地と階段が迷路のよう巡る（図1、2）。一見無秩序のようだが、

エリアの中央寄りの斜面中腹には、このカンポンの象徴的な建物である屋根付き外部の集会所（House of the Brotherhood of Neighbors、図1のNo.1、図3、4）があり、また水際では川に沿って長い通路が、集落全体の幹線のように延びている。その通路の陸側には水浴場（マンディ）やモスク等が面し、一方川側には魚や鳥を飼う囲いが設置されている。斜面に建つ建物の多くは、華奢なコンクリート・フレームに、竹を組んだ床組みや竹を編んだ外壁等を取り付け、屋根を載せた簡素なものであるが、その素材やつくり方には、人々の生活との一体感があり、全体としても小さなスケールの室内や外部の溜まり、路地などが複雑に絡み合い、人間味溢れる濃密な空間がかたちづくられている。子供たちは元気に路地を走り回り、チョデ川で遊ぶ。一方カンポンの外側、上の道路沿いには、カンポンの住民が営むタイヤ屋や修理屋などが軒を連ねる。

　こうした、いわばスラム的な集落は、近代的な都市整備開発においては、往々にしてクリアランスされるべきものとされ、実際チョデ・カンポンもいったんは撤去されそうになっ

図3　集会所内部

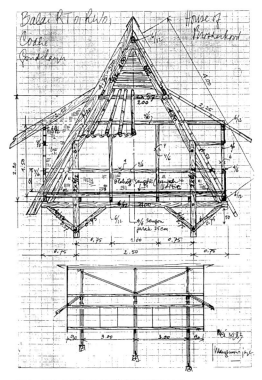

図4　ロモ・マゴンによる集会所の図面 [☆3]

case 20　営みの持続を支える手法と実践　　253

図5　コア・ハウスのコンセプト図 [☆5]

た。しかしロモ・マゴンはじめ人々の運動と行政の対応によって現在のように残され、人々が住み続けながら、同時に観光地としても人々が訪れるまちになっている。スラム街はどこの都市にも見られるが、それをどのように取り扱っていくべきかについて、重要な示唆を与えてくれる事例である。

コア・ハウスによるオンサイト復興——カソンガン（Kasongan）

ジョグジャカルタの南約7 kmに位置するカソンガンは、テラコッタ（粘土の素焼）の陶器の街として有名であるが、ある調査によると [☆4]、2006年のジャワ島中部地震で最も大きな被害を受けた村の一つで、ほぼ全壊あるいは大きく損壊した建物が60％を超えたとされる。ここでの復興過程は、イカプトラ教授によって「コア・ハウス」による段階的な復興が提案、実践されたことでよく知られている [☆5]。

そもそもイカプトラ教授は、地震発生2週間後からカソンガンの被災調査に入っていたそうである。そうした活動のなかで、大学との関係も深い政治家エディ・スシラ氏（Edy Susila）の尽力もあり、スマトラのバンクール（Bengkulu）郡から通常の家40戸分の再建支援の資金提供があった

が、40戸ではとても足りない。そこでコア・ハウスの考え方に基づくことで、鉄筋コンクリート・フレームとレンガ壁によるコア・ハウス90戸分の建設が可能になったという。

「コア・ハウス」は、3m×3mの鉄筋コンクリート・フレーム二つ分18m²を1ユニットとした最小限の小屋（図5）をまず建て、そこに暮らしながら、前後左右に自由に増築することで、徐々に恒久住宅として整えていくという復興手法の提案である（図6）。つまりコア・ハウスは応急の仮設住宅のようでありながら、同時にその後の恒久住宅の核（コア）となる。実際の建設プロセスでは、まずガジャマダ大学主導で、柱・梁のつくり方やレンガの積み方をワークショップ形式で指導し、その後は地元の大工さんや地元の人が一緒になってつくったという。倒壊した家の窓枠や建具も再利用したらしい。正面の壁にラフレシアの装飾がついているものは、スマトラからの支援金で建てられたものだそうだ。

実際に現地のコア・ハウス集落を視察すると、被災後9年を経て、後ろへ2ユニット分増築したものや、後ろだけでなく横に増築したものな

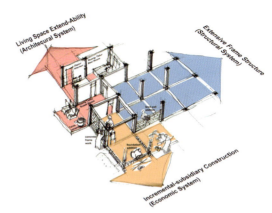

図6　コア・ハウスの計画原理［☆5］

図7　増築されたコア・ハウスの例

ど、様々なかたちで増殖し、もはや同じユニットから展開したとは思えないくらいに、多様で個性的な住宅群が生み出されている。外壁も当初のコア・ハウスはレンガむき出しであったはずだが、その後鮮やかな色彩の漆喰で仕上げられているものも多く見られた（図7）。このように、住民たちの手によって豊かな住環境が形

case 20　営みの持続を支える手法と実践

図8　クプー地区の移転集落の地図

成されている。

　ところで、コア・ハウスのモデル図（図5）で興味深いことの一つは、最小限に限る主旨の小屋には一見贅沢にも見える、屋根付きテラス（ルアン・タム Ruang Tamu〔客間〕と呼ぶらしい）がすでに想定されていることである。そこには、こうした半外部空間が生活空間として必須のものであるという、イカプトラ教授の思想を感じる。実際建設された当初のコア・ハウスの多くはこのテラスは省略されていたようだが、現在ではほとんどの住宅に屋根付きテラスが増築されており、実際に心地よさそうな外部のリビングルームとなっている。

コア・ハウスによる移転集落
ムラピ山噴火に伴う復興集落

　ジョグジャカルタの北にそびえるムラピ（Merapi）山は、2010年11月5日に大噴火した。人々は動物の行動や温度変化などの予兆に気づき予め避難していたため、死者はごくわずかで済んだそうだが、山腹の村々は壊滅した。2015年現在でも火口から半径10km圏内は立入禁止となっており、その地域の村々は移転を余儀なくされた。ここでは、カソンガン

図9　増築された復興住宅の例

図10　連続する各住戸前の屋外テラス

case 20　営みの持続を支える手法と実践

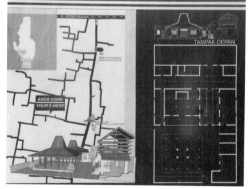

図11　オマーUGM平面図（現地案内板）

同様のコア・ハウスによる復興が行われた、ムラピ山のふもとの南北に長いクプー地区および隣接するウンブル地区につくられた移転集落について簡単に紹介する。いずれの移転集落も、比較的整然とした区画割り（図8）で道路が引かれ、そこにカソンガンで見たような、鉄筋コンクリートのフレームとレンガ積みの壁による、コア・ハウス的なユニットが並んでいる。一つのユニットは6m×6m平面で、片側が3m×6mの広間、片側にその半分のサイズの2室が並ぶ。視察調査で見学できた住戸（図9）では、このコア・ハウスの周囲に、キッチン、水廻り、玄関ホールを含む下屋がL字状に増築されている。また前面には庇付きのテラスが設けられ、住人たちはそこに置かれた縁台でくつろいでいた。このように各ユニットは、住人たちによってうまくカスタマイズされ、すでに個性と多様性が表れている。道幅約5mの通りと、それに面した各住宅のテラスが、なかなかよい通り沿いの雰囲気をつくりだし、移転後わずか5年足らずながら、すでに人々によって生きられた風景ができつつあったことが印象的であった（図10）。なお、住民たちはこの移転集落の土地建物を無期限で借りているそうであるが、無期限といっても、いつ期限が区切られるかわからないとのことである。

オマーUGM
——ガジャマダ大学による復興・歴史地区保存推進拠点

コタクデでも、ジャワ島中部地震の際に多くの建物が倒壊したが、モスクの西側、ジャガラン（Jagalan）地区のボドン（Bodon）・カンポンに、ガジャマダ大学による集落の復興事例「オマーUGM」がある（図11）。現地案内によるとオマーUGMは、ガジャマダ大学（UGM）が2006年5月の地震後に購入した、倒壊した個人所

図12 オマーUGMの再建されたプンドポ

有の伝統住宅につけられた名称であり、その後はコタクデ歴史地区の保存運動の中心として機能しているとのことである（オマー[Omah]とは「家（House）」という意味）。オマーUGMのプンドポは地震後に再建された建物である（図12）。またプンドポ東側のカンドクは地震により倒壊したが、以前の壊れた壁を保存しつつ再建された（図13）。これは地震の威力を記憶するモニュメントとして意図されている。オマーUGMは、文化財保存分野における様々なコミュニテ

図13 オマーUGMのカンドク

ィ活動のために頻繁に利用されており、たとえば2010年6月から2011年4月にかけては、地域コミュニティとともにコタクデ文化財地区保存プログラムに協力しているREKOMPAK（ジャワ再建基金）の仮事務所として使用された。イカプトラ教授によると、オマーUGMの改修にあたっては学生らが職人のサポートを受けつつ従事したとのことで、この事例をモデルとし、建物改修の手法を地域の人々へ伝えるワークショップなどを実践しているという。建物内には、軸組模型や、コタクデ文化財地区の地図、空撮、代表的な住宅の図面と写真、立面、建具、路地等のヴァリエーションを紹介する写真パネルなどが展示されており、博物館としても機能している。

再生力・復興力を「蓄える」手法と実践

　ここで取り上げた事例では、人々の寛容な考え方と、それに対応する街や建築の柔軟な仕組みによって、既存の歴史遺産や生きられてきた環境を受け入れ、現在の生活に適応させている。たとえばチョデ・カンポンのようなスラムを活かし、持続的な都市居住空間として定着させることは、すでに存在するものを安易にあきらめず活かす発想と言える。またcase 18で紹介されているジョグロ住宅を多世帯化しつつ街に開くジャラン・ルクナンなども既存建物を現代に適応させるための典型的な仕組みと言える。これらに対して、復興集落の問題は、逆に存在し続けるべきものが消失したときに、どうすればよいのかといった問いでもある。2015年の視察調査の結果からは、移転集落よりもオンサイトの現地復興のほうが、また仮に移転集落だとしても、外から供給された既成のユニット住宅よりも、自らの手と技術で建てられた住まいのほうが、結果的に活き活きとした個性的な住宅群が形成されていることが確認できたが、そこでは、コア・ハウスのように、共同体的な生活文化や習慣と連続できるとともに、住民個別の生活やライフ・ステージの変化にも対応し得るバランスと柔軟性、持続力を有する環境や建物の理念と方法が重要な基盤となっている。

　考えてみれば、人々は、仮に住みなれた環境が消失しても、できれば同じ場所で元通りの生活を続けたい

と感じるのがふつうであり、その点で人間の生活文化や習慣は、基本的には保守的で慣性的なものである。つまり既存の有形無形の環境や習慣は、人々が意識するしないにかかわらず、その心身とともに持続しているのである。こうした視点から見ると、本章に紹介されている事例群は、歴史遺産保存地区やカンポン、復興集落といった、一見性質の異なる場所のようにも見えるが、物理的な環境のみならず、人々の習慣や生活様式などといった既存の文化的資産も含め、それらをどのように受け継ぐのか、またそれらをどのように空間的に翻訳し、かつ時間的な柔軟性と持続力をもたせるのかといった共通の問題に応える、多様な手法とその実践として見ることができる。そしてこうした実践は、実はとくに歴史的遺産がある場所や災害復興などといった特別な状況に限られることではなく、どのような場所、どのような時代においても、そのまま人々の日常の生活や行為として行われているべきことのように思える。また、コタクデにおけるオマーUGMに象徴されるように、そうした実践においては、大学の研究者や建築家、理解ある行政側のサポートと連携が寄り添っていることが望ましい。こうした、ある意味ではごく日常的な実践の継続こそが、歴史や文化を活かした環境づくりや、ひいては災害復興のような特別な状況にも対応できる再生力、復興力を蓄えることへ自然とつながっていくのではないだろうか。

参考文献

☆1　B. Setiawan, "Integrating environmental goals into urban redevelopment schemas: Lessons from Kampung improvement project along Chode River," *Jurnal pusat Penelitian Lingkungan Hidup*, Gadjahmada Univ., 1998.

☆2　平尾和洋ほか「インドネシア・ジョグジャカルタ市のロモ・マゴン・カンポンの居住環境改善経過に関する考察」『日本建築学会計画系論文集』No. 574、2003年12月、105-112頁。

☆3　Abbad Al Radi, *The Aga Kahn Award for Architecture 1992*, Kampong Kali Chode, Technical Review Summary.

☆4　国際復興支援プラットフォーム『復興過程におけるコミュニティの役割に関する実践事例』2010年、第3章。

☆5　Ikaputra, "Core House: A Structural Expandability For Living Study Case of Yogyakarta Post Earthquake 2006," *Dimensi Teknik Arsitektur*, vol. 36 no. 1, Juli 2008, pp. 10 - 19.

> 総説

現代史のコラージュ／東アジア都市
都市の風景の背後に通底する戦争と平和のもたらした問題

重村力

都市のさまざまな表情

東アジアの都市を歩くと、風景は国ごとに異なるのだが、ある共通の感覚にとらわれる。

そこでは近代化・現代化の過程の歴史の矛盾がそのまま形になっている。19世紀以来の西欧化と東アジアの生活空間・生活文化の相違、よそものの近代化を取り入れたことによる不適合、東アジア的気候風土と西欧的建築様式の不一致による矛盾などがまず目につく。日本国内でも150年間、都市の建築意匠をめぐるさまざまな論争があった。先に産業革命を果たし、帝国主義としてアジアに押し寄せてきた欧米列強と東アジアの都市文化がどう向き合うか？ 先に近代化を果たした欧米に対抗して、どうアジアの近代化を表現するかという古い課題に端を発する長い議論の道程がある。鹿鳴館への異論、和魂洋才、国会の様式論争、伝統論争、風土論、古都保存、日本的なるもの、町並み保存、ジャポネスクなどなどとさんざん議論をし、方針や政策やデザインの試行錯誤をしてきた経緯が現代の都市の表情に表れている。今日では、これに地域性や景観論というアイテムや、クールジャパンも加わって、なんとか近現代史の矛盾を昇華させようとしている。

現代史の傷跡

東アジア諸都市で、私たちがさらに心を痛めるのは日本がおおいに責任のある、20世紀の現代史の傷跡だ。植民地主義や帝国主義の爪痕は、都市構造と都市の意匠に、都市

左：台湾総統府（旧総督府）

上海外灘、1985年12月（著者によるスケッチ）

和平飯店
黄浦江

圓山大飯店

の街区そのものに表れている。表通りではさまざまな行政府の建築、モニュメント、軸線などがそのテーマの対象となる。それぞれの国では第二次世界大戦後の現代化の過程で、その国とは異質な侵略的モニュメントを取り払い、民族の歴史的文脈に沿うものをそこに建てた例も多くある。1952年、台湾神宮跡地に台湾大飯店（後の圓山大飯店）が建てられた。1960～70年代、中国では文

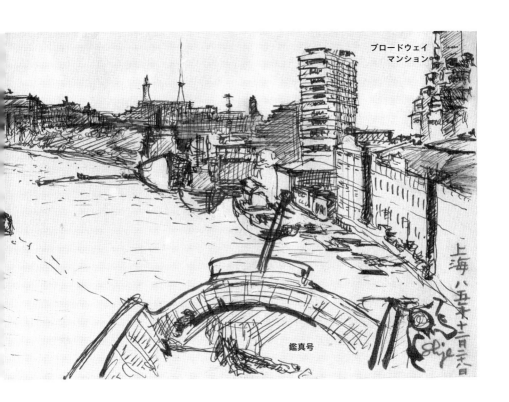

ブロードウェイマンション

鑑真号

上海 八五年十二月廿六日

化大革命に際して、さまざまな歴史建築が破壊されたが、中ソ対立もあり、哈爾浜(ハルビン)では日本的意匠・ロシア的意匠のものが多く取り壊された。ソウルの宮城の空間秩序・風水的構造を乱して建てられていた、旧(日本)総督府をめぐる論争もその典型である。1995年、旧総督府庁舎は取り壊され、景福宮の構造が復元された。これらの過程にはそれぞれ異なる事情があったが、侵略の歴史的意匠をどう消し去り、国民の新しい価値観をどう都市に表現するかという関心は共通である。別の方向として異質なものを巧みに残し、新しく好ましい構造の中に包含するなど、現代のその国にふさわしい風景になじませようとしている例もある。台北市(タイペイ)中心部の都市づくりや、上海市外灘(ワイタン)(Shanghai Bund)の旧租界市街地がその例である。時代ごとの風景変化を示す写真や古い地図を参照し、よく

目をこらさねば、これらの街区のモザイクや歴史のコラージュは、時代が進むにつれてますます読み解きにくく繕われ、とりすまして私たちの前に表情を見せている。

裏通りの重層性

　裏通りを歩くと、そこは生々しく生活の実感のある場面として、現代史の痕跡がそのまま表れ、感じ取ることができる。たとえば外国人が住んだ地区、またはいまも住んでいる地区というものが東アジアの各都市に存在する。中華街や租界・居留地という言葉はそのものを表すが、代表的な居住地や、一定の力をもった階層集団が住んだ居住地だけでない。勤労者家族や兵士の家族など普通の人びとの住居、それらへのサービスに従事した人びとや、外国人の周囲にいた人びとが住んだ住宅群・商店街・飲食店群などを含む老朽化した街区が、現代の都市問題と重なり合う形で残存している。台北や、大邱（テグ）・釜山（プサン）・仁川（インチョン）の日本人住宅などがそうであり、日本の都市にも、中華街や、国際地区などの名称で中国・韓国・朝鮮の人びとが住んだ、あるいはいまも住んでいる地区が存在する。それらは他の住宅地や街区とはどこか異なる特異な空間として、都市に存続している。またさらに戦後の復興過程や内戦・冷戦のもとで、独自の発展を遂げた闇市や国際マーケットや基地の街のような街区も、未だ解消されず引き継がれてあり、モザイクのように都市の中にさまざまな問題街区として存在している。だがそれらの地区・街区は、21世紀のいま、大きな転機を迎えている。

平和の持続による新しい視角

　こう書くとたいへん暗い話題のようだが、これらの歴史性・国際性をもつ都市のコラージュは、いま現代史のネガティブな負債から、むしろ価値のあるものへと変わりつつあると言ってもよい状況が生まれてきている。20世紀半ばまで、国際性は侵略や異民族支配や戦争という負の記憶に裏打ちされていたのだが、21世紀に入り、アジアの国際性は新しい状況を迎えた。戦後平和の持続がそれを導いたと言ってもよい。日本の降伏（1945年）からは71年、国共内戦の停戦（1950年）からは66年、朝鮮戦争の休戦（1953年）からは63年、ヴェトナム戦争の終結（1975年）からは

41年、地域差はあるが、東アジアにもたらされた長期の平和が20世紀末からの東アジア諸地域の経済繁栄をもたらし、今日アジア各国間の人的交流はおおいに活発化した。今世紀に入って相互の観光客も爆発的に増え、「国際性」はこれまでとは異なるポジティブな資産として感じられるようになった。異民族の生活文化に対する差別的な視線も減少し、むしろエスニック文化として、これらを尊重しよう、いまふうに言えばリスペクトするところまで変わってきた。こうしてアジア近隣諸国文化の相互の浸透を、好ましいものとして見ようとする都市の新しい視角が生まれてきた。

まちづくりという市民参加の糸口

平和と繁栄というベーシックな基盤に加え、これら街区の再生のもう一つのきっかけは、70年代からのまちづくり運動の進展にある。言いかえれば、市民参加型の環境改善という、生活者の視点に立ち、既存のストックを重視しつつ、少しずつ環境改善を図る運動である。これまでの都市計画とは異なる新しい都市づくりの考え方が浸透してきた。居住者、地権者、地域の事業者、地域施設のユーザー、市民活動に関わる人びとをまきこむ、この「まちづくり」の考え方は、70年代初めから[★1]筆者らも含め、既存の都市計画とは異なる手法を示す用語として意識的に用いられ、現在ではアジア各国の共通の価値にもなりつつある。まちづくりは、英語の概念ではcommunity developmentないしはcommunity encouragementなどと、やや社会計画的ニュアンスが強く表現されるが、これらとrehabilitationやimprovementという概念が組み合わされて表現される。台湾では「社区営造」[★2]、韓国では「マウル・マンドゥルギ」[★3]と、ほぼまちづくりに相当する言葉が使われている。まちづくり運動が進むにつれ、これらの国際性や戦後史性をおびた問題街区は、主体が明確で、むしろ資源に満ちあふれた特徴あるまちとして、さまざまな興味深い発展がアジア各国各地で見られるようになり、これまでとは一変した都市の豊かな可能性を示し始めたのである。

現代的国際モザイクのまち

アジア諸都市の事例を見る前に、

アメリカ・シアトル市のアジア人地区を見てみたい。北米の北西端のワシントン州の中心都市シアトルは、大圏航路ではアジアに最も近い北米である。この市街地の南東の端にシアトルのインターナショナル・ディストリクトがある。シアトルはもともと林業の拠点・木材積み出し港として発展したが、アラスカやカナダの金鉱発見以降、商業中心地となり、20世紀になると大陸横断鉄道とアジアとアメリカを結ぶ太平洋航路の拠点として発達した。1910年代には、シアトルの市街地拡張のため周囲の埋め立てが始まり、インターナショナル・ディストリクト（ID地区）はこのときにできた。シアトルの旧市街地は北西から南東にむかう細長い斜面の市街地であり、南西のエリオット湾に対峙している。この台地の市街地を歩き、南東側のイェスラー通りを越えた低地に入ると、アジア系の看板や意匠が現れる。当初は中国人移民が住み始め（チャイナタウン）、続けて日本人が住み始め日本町（ニホンマチ）が形成された。1930年代はその全盛期で繁栄は続いたが、太平洋戦争開戦と同時に日本人は急に強制収容所に送られ、家財・資産は没収されて日本町の灯は一時消えた。

戦後のシアトルID地区

　戦後、日本人たちは徐々に戻ってきたが、かつてのような日本町の賑わいは戻らなかった。だがここには多くのアジア人たちが集まって住むようになった。1950年代にはフィリピン人たちが多く住み始め、シアトルには少ないアフリカ系アメリカ人や移民もこの町に入り、ジャズの拠点ともなった。ヴェトナム戦争の終結に際して70年代末からは、ヴェトナム人（難民）が住み着き、リトル・サイゴンとよばれる一画もできた。さらに中国の経済発展や、香港の返還などを機に、多くの中国人が新たに住み始めた。だが60年代にはこの地区は相当経済的に衰退し、追い打ちをかけるように地区を分断する高速道路建設が行われた。多くがここを離れたが、同時に70年代には地区の市民と事業家による改善運動（Improvement）も始まった。日本人たちはここに戻ったものもいたが、相対的にやや低所得者居住地となったここには住まず、多くは近くの台地や富裕なものは郊外の住宅地に移り住んだ。だがここには日本町の商業

施設と多くの空間資産が残された。和食食材を中心とする有名な総合食品店「宇和島屋」（戦後タコマ市から移転）や、アート雑貨を売る「肥後雑貨店（Kobo）」や多くの和食レストランや、パナマホテルなどのいくつかのレジデンシャルホテルなどがいまも存在する。かつての「日本館劇場」も形を変えて残っている。浄土真宗西本願寺の別院はSeattle Buddhist Churchとしてこの地区の外れにあり、夏に行われる盆踊りには、多くの日系人とともに関わりのある人びとが大勢集まって、近くの公園で踊りが盛大に舞われる。形式は日本の盆踊りのように、やぐらから流れる日本民謡と踊りの輪を中心にして、屋台の列が取り巻き賑わうのだが、浴衣を着て踊っている人びとを見ると、まさに人種のるつぼであり、ここはほかでもないシアトルID地区なのだと感じさせる。

**シアトルID地区——
モザイクからコラージュへ**

　このID地区の多くの日本町の空間遺産は、米国歴史登録財（National Register of Historic Places）として保全されているのだが、これらはただ建築遺構として保全されているのではない。まちづくり運動を進めるNPOによって運用されている。最近のまちづくりを二つの事例に見てみる。

　日本町のNPホテル（ノーザンパシフィックホテル）は、かつて中級以上のホテルであり、また中長期の居住者もいる建築的に格調の高いホテルであった。開戦後42年の日本人資産没収を経て、権利者は変わり、一時さびれていた。現在ではCDA（コミュニティ開発協会）によって、修復再生され、この地区のアジア（含む太平洋諸島）人で勤労意欲のある低所得者向けのアパートとして運営され、来住した移民や住宅を求める移民のアフォーダブル・ハウジングとして、住宅問題の解消に役立っている。ここのロビーでは日本町の歴史展示を行っている。いくつかの日本町のホテル資産は、NPO（CDA）の手により、低所得者・障害者・児童救済・大家族などの居住や一時避難居住などの公益に役立てられている。

　ダニー・ウー・コミュニティガーデン（神戸テラス）はID地区の北の端にある約0.6haの斜面緑地である。桜や神戸市から贈られた雪見灯籠のある神戸テラス公園に隣接した急な斜

シアトルID地区コミュニティガーデン

面緑地は、75年から市民農園・児童教育農園・食文化体験テラスとして整備され、豊かに運用されている。斜面に88の小圃場がつくられ、主に移民の高齢者によって耕され、穀類や野菜が植えられ、養鶏が行われ、こどもたちの社会教育と一体となって農園が展開されている。"Seeds to Plates"＝「種から皿へ」がモットーで、収穫はこのテラスの中腹にある、ワシントン大学建築学部の学生らによってつくられた木造のオープンキッチンに運ばれ、調理され、食事会が行われる。作物の育て方、料理と食事の文化を、老から若へ伝承し、また異なる民族文化間の理解を深めるという大きな狙いが成功していて、現在65人の高齢者が農作業や調理作業に登録している。ダニー・ウーはこれら高齢者のリーダーの一人である。この事業は、中国人・日本人・韓国人・ヴェトナム人・フィリピン人・太平洋諸島人などなどの移民アメリカ人の異文化コミュニティの相互理解・信頼と大きな安定に寄与し、この地区の国際的魅力を引き出している。

ここには、まちづくり運動によって、人種のモザイク地区から発展し、地域が好ましいコラージュを形成し、独特な魅力ある居住地に熟成する道筋のヒントがある。

アジア都市における問題地区のまちづくり（水原・大邱）

ここからは神奈川大学が建築と都市デザインの国際学術交流で定期的に関わっているアジア都市、水原(スウォン)・哈爾浜・台北・横浜をとりあげ、そこでのまちづくりを見てみたい。

成均館大学校の位置する韓国の水

原市は、18世紀の理想都市、水原華城(スウォンファゾン)として造営された都(行宮)である。美しい水辺をもち、城壁に取り囲まれた都市であったが、朝鮮戦争(1950～53年)による混乱により、城壁は破壊されていたが、1975年から修復が始まり、城壁や主要な城門の修復はほぼ完了し、1997年ユネスコ世界遺産に登録された。現在さらに歴史都市としての修復が進行している。水原の歴史価値が高まるにつれ、城壁に囲まれた旧市街のうち、戦後の混乱期に形成された風俗街の解消の問題や、あるいは歴史遺産に隣接する住宅地の環境改善や歴史資産との共存などの環境問題が発生している。水原ではいまこの課題を市民参加による問題と方針の共有と小規模環境改善の積み重ねによるまちづくり運動によって、現代的に改善しようとしている[★4]。密集した旧風俗街の裏の住宅地で、住民発案で始まった環境絵画運動とも言うべき、素朴なウォールペインティングアートの運動は、いまや国際的アーティストも加わった広がりを見せている。

水原、ウォールペインティングアート

水原、ウォールペインティングアートでよみがえる地区

大邱(広域)市は、韓国慶尚北道・南道の中心に位置して、人口規模で韓国第4位の都市である。李朝時代

大邱、1930年代の町並みが再生

ここも城壁に囲まれた都市であって、かつて城壁に囲まれていた地区は旧市街を構成し、商業施設や小規模な工業施設が立地し、金物とか自動車部品とかの業種ごとに通りをなすように造られている。日本統治時代の建築が多く残り、大正昭和の日本建築と韓屋（韓式民家）の折衷建築も多い。これらの多くは老朽化しているが、町家としてしっかりとした単位をなして道路景観を構成している。いまこれら古い時代の町家・都市建築を修復再生・改造して、カフェやイベント施設、ミニ博物館、文化交流施設などの現代用途の施設に転換するまちづくりが進行している[★5]。教会や学校、公園など以外では、どちらかと言えば小規模で古くさい時代遅れの建築が集まっていて、空き家も多かった旧市街は、スポットごとのまちづくり再生事業によって、ネットワークをなして、息を吹き返しふたたび大邱の中心にふさわしい空間へと変貌しつつある。

アジア都市における問題地区のまちづくり（哈爾浜）

哈爾浜工業大学のある、中国東北部黒竜江省の中心都市哈爾浜は、もともと古くから女真・満州族等の中国北方諸民族の拠点であったが、19世紀末清朝末期、ロシアの東清鉄道敷設の拠点となり、20世紀以降さまざまな歴史的荒波が押し寄せた。挙げれば日露戦争・辛亥革命・ロシア革命・白系ロシア人拠点・満州国建国・ユダヤ人難民拠点・中華人民共和国成立・中ソ対立・文化大革命・改革開放政策などなどである。これらの歴史の荒波を経て、いまや都市圏人口1000万人を有する国際性歴史性豊かな大都市に成長している。この都市の近代史の過程を反映して、ロシア的意匠や日本の近代的意匠をもつ建築や土木遺構が多く残されている。

松花江南岸の中心市街地は、20世紀初頭にロシア人や日本人の都市として発展しつつあった。文化大革命時にはそれら他民族の意匠をもつモニュメントが次々に打ち壊されかかった。哈爾浜の東側低地には山東省などから流入した多くの中国人が住んだ地区がある。中洋折衷的な独特のファサードをもつ、老朽化した3〜4層の街路型都市建築が建ち並び、江南的な天井(光庭)をもち、上海の里弄住宅のような立体的な空間で構成されている建築群のある町並みは、いま哈爾浜バロック地区として注目されている。ここでは地区の特徴、建築の特徴を保全しながら、空地を広げ歩行者道を整備し、建築を再生し、飲食店を中心とする新しい魅力的な都市空間に転換する動きが進行している。

哈爾浜では都市街区の再生課題は多く、また十分な文化的特徴を備えた地区が多い。この地区のさらに南の台地、西大直街の南側は、かつて満鉄＝南満州鉄道(ロシア東清鉄道)の本拠地であった。東清鉄道に付属した中露工業学校として発足した哈爾浜工業大学も、この一角にある。大学の東方にかつての満鉄の幹部た

哈爾浜、ロシア正教寺院

ちが住んだ高級住宅群が残されている。木造やレンガ造からなる近代主義をとりこんだ洋館群による住宅地であり、この緑豊かで上質な建築の残る地区をどう再生するか、いま議論が行われている。

アジア都市における問題地区のまちづくり(台北)

国立台湾科技大学の立地する台北は台湾の中心都市である。人口は269万人、台北を取り巻く新北市の人口400万人を足しても1000万人に到達しないが、実感では1000万人都市の中心部の風格や多様性、文化的充実度がある。清朝末期に築かれた台北城は城門の位置から見ても小規模なものであったが、1895年日清戦争後、日本統治が始まると後藤新平民政長官は、大規模な都市計画を実

台北西門かつての映画館街の再生

施し、日本近代の意匠をもつ都市建築が多く建ち並んだ。

1945年以降、国民党政府が支配し特に1949年以降はここが中華民国の中心地になり、中国的意匠をもつ近代建築、中正紀念堂や故宮博物院、圓山大飯店などの建築が、軍用地跡地や台湾神宮跡地に建てられた。だが台北の日本時代の建築は膨大で、総督府や大学をはじめ政府・病院・学校・産業施設・交通施設の多くの建築がそのまま活用されている。冒頭で述べたように表通りの建築だけでなく、生活が直に表れる小街路に沿った住宅地や商業地では複雑な歴史の混在が見られる。これらの多くは老朽化・過密化しており、台北の市街地ではいまさまざまなまちづくりが進行中である。

台北まちづくりの対象となる問題街区

台北の新しいまちづくりが行われている地区を類型化してみる。

1）日本時代から続いた工場などでいまは設備が陳腐化し、または立地が不適切となった工場街区の再活用。都心北部の酒造工場の再利用である華山1914文化創意産業園区や都心東北部のたばこ工場跡地の松山文化創意園区があり、どちらも魅力的なアートスペースをともなう、アーバンリゾート商業施設に転換している。広大な工場跡地をキャンパス状に歩行者空間として開放し、工場施設の空間資源を活用しながら、新しい空間要素を組み合わせており、さまざまな市民や企業が協力している。

2）日本時代の市街地の縁辺部に発達した中国的近代密集都市空間の再生。迪化街はかつての川の積み出し港で、いまは乾物・茶・漢方薬・雑貨の商店街である。組積造と木構造の組み合わさったこの連続建築群は、老朽化したこと、居住機能が分離しつつあり、2階や中庭（天井）を介した敷地奥の活用が課題となり、いまNPOが介在し新しいユーザーも加わってリニューアルが活発に行われて

いる。亭子脚＝騎楼（連続アーケード）を備えた伝統的商店街が耐震強化され、空間を洗練させた現代性が加わった街区へと変貌しようとしている。剝皮寮歴史街区は台北西部の龍山寺の東側にあり、清朝末期を想起させるレンガ造のおおらかな商店街の構造が同様に再生された地区である。

3) 日本人住宅街区。台北にはかつて教員・医者・官吏などの住んだ日式住宅が随所にある。和風だが、台湾の高温湿潤な気候への工夫があり、また洋風中華風な生活をも意識した洋室をもつ住宅が多い。これらの多くは日本が撤退してから70年を経て、老朽化しそのままでは使いものにならないが、これらを文化遺産としてまた文化施設として補強再生改造活用する動きが随所に見られる。

4) 眷村（けんそん）。国共内戦以降1960年までに、国民党に従った兵士・官僚その家族など百数十万人が大陸から移住し、いわゆる外省人となった。これらの人びとは密集した台北に空地を求めて住み着かざるを得なかった。眷村は軍人たちのためにつくられた居住地である。これらはあとから大量に居住せざるを得なかったために、多くは接道条件やインフラ

さびれた眷村、かつて国民党軍の居住区

条件の悪い土地が選ばれた結果、劣悪な居住環境をつくりだした。そこから多くの人びとが抜け出したあと、この地区に残ったのは、空き家と社会的弱者となった高齢の低所得者であり、大きな都市問題をもたらした。四四南村では、台北東部の超高層ビル「台北101」の近くの旧日本軍の撤収した倉庫が、44兵工廠の兵士家族の住まいとなった。新たな住居が準備されたあと歴史的建造物として4棟が残され、アートスペースや雑貨店、レストランおよび眷村博物館に再生されている。宝蔵巌歴史集落は、宝蔵巌（寺院）周辺の河川沿い斜面地にあった旧日本軍施設などに兵士家族らが不法居住した地区である。空き家と不法居住地が混在していたが、緑地としてのクリアランス方針が反対運動により撤回され、

いまはNPOの介在により空き家が次々にアート・イン・レジデンスとなり、川沿いの芸術村としての再生が図られている。

このように台北のまちづくりでは、市民運動が発端となり、NPOが介在し、全面クリアランスよりは小規模修復の積み重ねにより、現代的都市空間へと再生されようとしている。

アジア都市における問題地区のまちづくり（横浜・関内）

横浜は周知のとおり、幕末の黒船来航、1858年の日米修好通商条約による神奈川開港に続く横浜開港を契機に、急速に都市化した現在人口370万の都市である。幕末から明治にかけ欧米各国と次々に条約が結ばれ、欧米人の居留地が造られるとともに、商業貿易活動に関連して中国人・インド人・ユダヤ人なども住み、併合された朝鮮半島からの人びとも住み、国際性豊かな都市が形成された。近現代の国際紛争、即ち日清戦争・日露戦争や朝鮮併合、第一次世界大戦、ロシア革命、中国侵略、第二次世界大戦、朝鮮戦争、ヴェトナム戦争などに、横浜の国際的構成は大きく影響された。加えて1923年9月1日の関東大震災により市街地が壊滅したこと（倒壊焼失8万棟以上、死者行方不明2万人以上）、そして1945年5月29日の横浜大空襲（鶴見から中心部、本牧までの市街地の住宅の約半数が焼失、市街地壊滅、約数千人死亡）によって、2度の壊滅的惨禍を経たことが、市街地の歴史に大きな影響を与えている。また横浜中心部市街地や港湾関連施設や周囲の住宅地が、第二次世界大戦後占領軍によって長期間接収され、一部はいまも米軍基地としての使用が続いていることも、市街地の発展に大きな制約を与えている。旧（外国人）居留地としては関内（山下）や山手がある。中華街は関内居留地の一角が、震災以後中国人の集中居住する地区へと変貌し、戦中戦後の衰退期を経て今日の隆盛に引き継がれた。現在中華街は中華料理店をはじめとして、中国人の経営する店を中心に従来の数倍の規模をもつ中国文化ゾーンとして発達している。海辺の山下居留地は横浜の中心業務地区「CBD」の一角として、文化施設も立地し、異国情緒ある港の景観とともに風格を保ち、丘の上の山手居留地は戸建て洋館と教会や学園が並ぶヨーロッパ的住宅

地景観を維持し、海や町を眺望できる丘として、横浜の魅力の一つになっている。

横浜「関外」の問題地区とまちづくり

横浜開港時につくられた関内や山手の居留地の周囲のインナーシティには、国際性を含みつつ戦中・戦後の歴史をひきずった問題地区が多く存在する。

中華街の南方に位置し、かつての港湾荷役を担った日雇いの港湾労務者の簡易宿舎街、通称ドヤ街である寿町は、その役割が終わったあとも、高齢者となりこの町を出られなかった以前の日雇い労働者や生活保護の対象となる人びとの住む町として、特異な存在を続けている。まちづくり運動としては、ドヤ街からヤド街へという運動がある。この町の宿泊費や物価の安さやオープンスペースに溢れる生活の気軽さを、むしろ積極的に受け止め、バックパッカー旅行者やアーティストなどを対象にした、多様な人びとが気軽に住める宿舎街として、健全に再生しようとする動きである。

中心市街地の縁辺部には韓国・朝

寿町、ドヤ街からヤド街へ

黄金町、ガード下のアート空間

鮮の人びとが多く住み、またアジアから流入する人びとが居住するエリアが広範に存在する。それらは伝統的下町商店街と合体して、いまや商住飲食の混在するややエスニックで物価の安い町として、横浜のヴァイタリティを示す町となりつつある。その付近にある横浜橋通商店街は伝統的な日本の最寄り品に加え、買い回り品もある商店街だが、、さまざまなエスニック食材の店が混在し、近

アジア的活気に満ちた洪福寺松原商店街

くには演芸場や銭湯も存続している。安く生活したい人びとに加えて、横浜の留学生にとっても大切な町にもなりつつある。

　開港・震災・戦災・戦後と数奇な運命をたどった町に黄金町がある。大岡川沿いには開港以降、舟運を頼って、さまざまな問屋が立地し、黄金町は木材問屋街として栄えたが、関東大震災で火災が起き、400人の死者を出したという。京浜急行（湘南電鉄）の開業にともない、黄金町駅はターミナルとしてふたたび栄えたが、横浜大空襲では焼夷弾攻撃・機銃掃射により、この駅だけで600人の死者を出した。戦後はこの大被害を受けた焼け跡に闇市ができ、大岡川の沿岸にはいわゆる戦災スラムができた。隣接する高架下にはバラックが建ち、そこに売春街ができ、また麻薬・覚醒剤の巣窟にもなった。この麻薬・覚醒剤の巣窟は黒澤明の『天国と地獄』（1963年）にも描かれるが、60年代前半の浄化運動により、ほぼ消滅した。だが青線地帯とよばれる売春街は近年まで場所を変えて続き、外国人女性も多く働くようになる。ようやく2005年に全店が閉店し、現在までアートスペースやスタジオ、健全なバーやカフェへの転換などのまちづくり活動が行われて、町が明るく一変しつつある。

　戦後市内各地に、いわゆる闇市ができた。ことに戦時中の防空都市計画による延焼防止帯の建設＝強制疎開により造られた広い幅員の道路は、終戦後権利の不明な空き地と化し、そこに多くの闇市ができた。六角橋商店街もその一つで、仲見世通りという木造アーケードの立ち並ぶ小規模店舗からなる最寄り品商店街がいまも続いている。ここでは都市計画的に不適合、建築の合法的更新が難しい、防火上はなはだ危険、などの問題があり、事実複数回の火事

を経験しているのだが、なんとか生き延び、横浜橋通商店街・洪福寺松原商店街と並んで、横浜の三大商店街と言われるほど生き生きとした繁栄を見せている。ここでは高齢の経営者の撤退した区画を若い経営者が新しい業種で参入するなどの更新が頻繁に起きて、いろいろなまちづくりのイベント企画が行われ、多くのまちづくりの賞を獲得している。商店街の自力でのさまざまな創意工夫にまちづくり運動や横浜市のサポートが加わり、少しずつ防火対策や公衆衛生対策も工夫されて、地区の持続的発展が進んでいる。

まちづくり運動がつくりだす
アジア都市の新しいコラージュ

　紹介したように市民参加のまちづくりでは、大きい方向性を見据えて、小さな主体が力を合わせ、少しずつ環境改善を積み上げて行くなかで、近現代史の負の記憶が関与してできた問題地区が、逆に魅力的な地域空間の社会遺産へと変貌していく。生活という視点、既存の条件をむしろ資源として見て歴史を尊重する視点、住民やステークホルダーや外国人たちが相互に協力する新しいコラージュの視点をつうじて、都市は大きく変わって見え、次の地平への道筋が見えてくる。

註
★1　まちづくりは、一般的な言葉だが、これを意識的に既存の、上からの都市計画とは異なる言葉として積極的に用いたのは、吉阪隆正（1917-1980、早稲田大学）である。吉阪隆正は仙台の多くのステークホルダーが参加した『杜の都・仙台のすがた』（1973年）で、この言葉を用い、初代理事長を務めた首都圏総合計画研究所の機関誌を『まちつくり研究』と命名した（1974年）（ここではまちつくりに濁点がない）。また美濃部都政の『広場と青空の東京構想』（1971年）の具体化計画である「東京都近隣社会環境整備計画・まちの姿の提案」（1975年）や、「吉阪研究室の哲学と手法」『都市住宅』（7503、1975年）などでこの用語を用いた。
★2　1970年代早稲田大学吉阪研究室に学んだ陳亮全（台湾大学教授）はまちづくりに「社区営造」の言葉を与え、中国語圏で定着している。これ以前、早稲田大学尾島研究室に学んだ崔栄秀（大連鉄道大学教授）はまちづくりに「街道運動（jiedao yundong）」という語を当てたが普及しなかった。jiedaoには町内・近隣という意味がある。
★3　マウル・マンドゥルギはほぼ直訳、90年代に早稲田大学佐藤研究室に学んだ慎重進（成均館大学校教授）は、この言葉を韓国のまちづくりで用い普及している。
★4　成均館大学校の慎重進教授らによる。
★5　嶺南大学校の都炫學教授らによる。

[case **4**]

Updating and utilizing the "Chinese Baroque" historic district in the Daowai district of Harbin

Yang YU

Associate Professor,
Department of Landscape,
School of Architecture,
Harbin Institue of Technology.

Xindi WANG

Graduate student,
School of Architecture,
Harbin Institute of Technology.

The origin of "Chinese Baroque" style

Harbin is located in northern China, near the Songhua River. It is the capital of Heilongjiang Province, and has been under development for nearly one hundred years. Early aboriginal societies shifted from a nomadic to a settled life and Harbin changed from a riverside fishing village to a modern city. The Middle East railway, which went through Russia in the early twentieth century, brought colonists and exotic culture into Harbin, and led China's largest northern migration. The changing urban population promoted Harbin's development and led to its multicultural styles of architecture in streets and buildings.

The city is the start of the Eastern Railway, and the railway acts as a border line that forms two distinct city blocks. Daoli district acts as a gathering space for immigrants; mostly immigrants from Europe and Japan live here. In Daowai district, the inhabitants are mostly the owners of small workshops, artisans, and workers. Influenced by European culture, Daowai district initially became a mixed Chinese and Western culture. In the same space, Russian and Japanese architecture, Art Nouveau districts, and Chinese Baroque buildings coexist. "Chinese Baroque," based on traditional Chinese architecture and European Baroque architecture, is a kind of compromised modern building style. It not only pays attention to shape and detailed decorative architectural forms, but also reflects traditional Chinese architectural thinking in the overall layouts and design concepts. Chinese building brackets, rails, and Western architectural column exist together. Floral decorative elements express wealth and good fortune and convey free-spirited and happy wishes.

The most unique and completed city blocks, as well as the largest historical district, in the Daowai district are examples of "Chinese Baroque" multicultural neighborhoods.

The decline and revival of the "Chinese Baroque" street

At the end of the twentieth century, during a time of rapid urbanization, the remaining "Chinese Baroque" buildings were surrounded by the private construction of illegal buildings. Function and form have also been unable to keep up with the pace of modern development. Chaotic interior space, dilapidated building facades, and windows and doors that have not been renovated for years make the entire group of buildings present an old, even abandoned, state. Lacking maintenance and updates, brick and wood buildings have fallen into disrepair, and walls have begun to crack and partially collapse. Some buildings have already lost their facades, leaving dilapidated and empty courtyards. In urban development, architectural features and business values gradually die out. Today, this old neighborhood is facing destruction at any time, as it does not appear to have been well protected.

Rapid urban growth leads to a problem wherein "thousands of cities seem to be the same." This makes the conservation of historic districts and urban renewal ever more important. Now architects and urban planners are interested in using historical districts to trace the root of the city and showing its history. Xintiandi in Shanghai and the width of the alley in Chengdu are two successful examples of historical district reconstruction; both fill people with confidence and high expectations for the revival of historical streets with local characteristics. In this context, our government is reexamining the history of Harbin style and paying attention to the reconstruction, renewal, and preservation of historic districts in order to revitalize "Chinese Baroque" neighborhoods.

The general principles of "Chinese Baroque" reconstruction

In early 2007, the municipal government of Harbin promoted three phases in transforming "Chinese Baroque" neighborhoods, trying progress historic preservation, urban style, and urban tourism. Transformation began in 2010 and Phase II was completed in 2012, followed by Phase III and the development of an urban subway. Neighborhood renewal and transformation were based on following principles.

First, the principle of being based on local conditions.

The renewal is based on the status quo, and a strategy of take "overall control, protection, and harmonization." The government aims to retain the original architectural style whenever possible, not to make any large-scale expansion. In the beginning of construction, analysis of more than 200 traditional courtyards and about 100 key construction sites was conducted to determine the protection scope of historic buildings.

Second, the principle of authenticity.

The renewal project is an attempt to fully restore the historical truth of a building, showing the historical appearance from a cultural perspective. Authenticity is not only reflected in the transformation of these historic buildings, but also in the protection of cultural resources. We are not only trying to recover material resources like buildings, alleys, and entire blocks, but we are also considering the non-material resources of traditional folk culture: food culture, family business, traditional crafts, industry, and commerce.

Third, the principle of sustainable development.

The revival of the historic district not only requires a continuation of the city's history, but buildings also need to meet the immediate needs of the time. This means that renovations must adhere to the principles of sustainable development. Thus, the transformation includes four aspects: restoration, cultural heritage, industry formats, and transport optimization. It is only after considering all this that we can undertake comprehensive restoration of the historic district.

The strategy for renovating "Chinese Baroque" streets

In architecture's repair and reconstruction, the first and second stage involve dismantling and building, respectively. The first stage is to dismantle or repair privately built shantytowns or dangerous houses. Integrating partially restored courtyard dwellings with updated commodities and living spaces improves the overall distribution of architecture, keeps the courtyard surrounded by buildings, and allows planners to focus on the layout of public facilities. During the second stage, workers dismantle the inside wooden stairs and boards of some older, brick buildings to readjust the pattern and space organization, keeping only the street-facing wall. According to statistics, three types of total building dismantlement occur; the windows, roof, inner structure, and the dwellings' structure are dismantled in four different ways; and there are five different dismantlements of windows, inner structures, and components. The decoration of the construction places emphasis on the "Chinese Baroque" style. The ambiguous wall is redecorated with fret and Italian lines. The hanging cornice is decorated with stacked geometric shapes, which illustrates auspicious wealth and fortune.

Designers must also attempt to adequately account for the intangible cultural heritage. This includes the production, exhibition, and sale of such traditional handicrafts as traditional footwear, clay sculptures, printmaking, paper-cutting, silk weaving, or sculpture drama; incorporating these makes the street a traditional art show and promotes the spread of local culture.

Industrial planning typically focuses on the characteristic shopping street, food specialties, and traditional commercial retail. To account for tourists' needs, there is a street of northeast specialty shopping; for local residents and other Chinese visitors, there will be traditional pharmacies like Chunhe Tang and Shiyi Tang. The program will combine Harbin food specialties and modern food culture to make a street snack made of Yushi Hutong, Songguang Hutong, and Zhangbaopu Hutong. Small traditional shops will be distributed along the commercial street, based on a protecting pattern of block miniaturization.

In terms of traffic organization, the implantation of a walking street provides a new basis for the construction of a road network. The street's traffic line will be redrawn, and traffic will be adjusted and optimized; people and cars will be separated and traffic control and additional parking lots will be implemented. Meanwhile, the current road network of three horizontal and six vertical streets has been improved, and it now combines walking and city space naturally and in an orderly manner. In part of the walking street, the one horizontal and two vertical walking system combine Chinese and Western with the repairing unique Hutong and Courtyard.

Evaluation of the reconstruction of the "Chinese Baroque" historical district

The update and street improvements have

made a great difference in cultural industry and commercial operation. The local cultural industry has developed rapidly. The city's cultural identity has added to the cultural tourism and there is an active folk art presence. Local folk artists often gather in the street to talk with each other and young artists have art exhibitions here. Crosstalk, drama, and other local art groups hold regular performances. The area provides cultural entertainment for the surrounding community and visitors.

However, in terms of business operation, the land revaluation increased the small business operating costs and most of the commercial space is idle. Meanwhile, peel the original mixed commercial and residential patterns. The neighborhood lacks the outdoor commercial activities that cause embarrassment to those blocks showing insufficient vigor. Under the pressure of increasing profit, a strong business atmosphere and new building facades present a flavor of "aging treatment." The way they operate changes the original atmosphere, which was business and life mutually superimposed.

Conclusion

"Chinese Baroque" neighborhoods focus on three aspects of renovation: renovation of historical buildings, cultural industries, and transportation systems. By clarifying the scope of protection, retaining space, integrating land layout, and engaging in other specific construction strategies, we are to ensure the sustainable development of the historic district. Historical district reconstruction is the only way to undergo urban development. It is of vital importance for us to keep the memory of a city alive. Construction needs to build a real city life and to avoid new buildings that dilute the flavor of old neighborhoods. A balance between commercial development and historic preservation is necessary, and urban planning must construct real, unique historic districts.

[case 13]

Treasure Hill Artist Village, Taipei, Taiwan

I-ting CHUANG

Principal Architect & Director,
LeChA (Lee & Chuang Architects) in Taipei.
Project Assistant Professor,
National Taiwan University of Science and Technology.

Location

Treasure Hill Village is situated on a hillside between the edge of Gongguan District and Fuhe Bridge, which crosses into New Taipei. It is the first classified historical settlement in Taiwan.

Treasure Hill History

The history of this community can be traced back to the Chin Dynasty, when people migrated from Zhangzhou and Quanzhou (Fujian Province) in mainland China. These earliest settlers stopped at this unique place and built a temple named "Guanyin Pavilion" (觀音亭) (today it's called Treasure Hill Temple). The area later became the religious center of this area.

During the Japanese Occupation, Treasure Hill was defined as a protection zone for water resources. The Japanese military begin building fortresses and arsenals in this area. The very first buildings visitors see today when entering the village was once the arsenal; the buildings were later converted to private homes.

After the Kuomintang military takeover (1949), Treasure Hill remained occupied by the military due to its anti-aircraft position. However, the existing military accommodations were insufficient, and soldiers started to illegally build their own houses using material they found along the river shore or in waste sites. These organically built houses mark the beginning outline of Treasure Hill.

Over the next 20 years, in the 1950s through 1970s, Taipei's population boomed. The military retreated from Treasure Hill and, with the completion of Fuhe Bridge, it became easily accessible. It attracted various groups of people in need of cheap accommodations. These people were veterans (who stayed behind when the military left), new immigrants, students, and new brides of veterans from Southeast Asia. Thus, the community has grown to 200 households from the original six. Treasure hill has truly become a melting pot of time, space, and culture.

As Taipei continued to grow and develop, the community began to face questions of legitimacy. The government pressed residents to evacuate the site, but many nongovernmental organizations, academic groups, students, and residents valued its historical and political significance, and there was a fight to save this unique settlement. After a very long process of negotiation, a compromise was agreed upon that to finally stop the village from been demolished. Today, Treasure Hill is a preserved historical community, an artist-in-residence village, and a traveler's hostel; together, it serves as a platform for interaction between different groups of people.

Architecture

Since the Japanese occupation, Treasure Hill was designated as a protected zone and building was prohibited. In the 1950s, there were only approximately 20 households and most buildings were made out of wood and masonry. Because all additional building is conducted illegally, people had to bring in material piece by piece from outside and gather stones from the river shore for their homes.

As time went by, access to the site became much easier. As the troops retreated, many neighboring underprivileged people, workers from out of town, and students moved in to the community and slowly built their own houses.

During the 1980s, building was still prohibited, but this did not prevent the community from silently growing to 226 households with 485 people. Since construction activity was not allowed and reported building projects were demolished, building material was often brought in at night and new houses were constructed by dawn. Because everything was built by residents' own hands, they grew a much deeper love and sense of belonging toward this place they called home.

Treasure Hill's buildings were, out of necessity, built with simple raw materials. During the 1950s, a more difficult time, building material mainly consisted of wood and hollow bricks. In the 1960s, when financial status rose, a few buildings were made with concrete and steel. In the 1970s to '80s buildings were mostly made with corrugated metal shakes.

These self-built structures did not comply with any regulation. The boundaries of each domain was blurry. Paths to one house might cut through another's balcony. Sometimes the only way to get from one house to another was by meandering through a set of narrow staircases. It was confusing to navigate, since often the stairs would instead lead to rooftops.

People's lives were much intertwined. All of the residents ere immigrants, with similar backgrounds and stories, which made them a much cohesive community. According to records, there was rarely any dispute between neighbors.

Treasure Hill includes three different land use zones: preserve zone (Treasure Hill Temple), special zone (Treasure Hill settlement), and the park zone along the Xin din River. All three zones prohibit any new construction. The total area is approximately 27,000 m² (not including park land)

By the time urban planners examined the area, there were approximately 150 houses, only about 50 of which were occupied, mainly by senior citizens. Most houses were empty and abandoned. After a long process of communication between the government, academic professionals, activists, and residents, it was decided the existing buildings would be renovated and upgraded and artist-in-resident programs would be introduced for the abundant spaces. However, to make this community a sustainable one, programs need to generate money while overtaking the environment as a recreational destination. Therefore, it seemed appropriate to open a youth hostel to accommodate visitors. A "symbiosis artist village" (共生藝棧) was the decided future for Treasure Hill.

Planning

In 2006, before the plan was implemented, residents were given the options of whether to relocate to interim houses next to the temple or take a governmental subsidy that allowed them to relocate to other social housing. After two years of renovation, residents could move back to Treasure Hill, renting their homes from the government at a very cheap price. During this process, many decided to take the governmental subsidy and not return to Treasure Hill; they believed their life could never be the same. Among the 50 households, only 22 have decided to stay.

The very first challenge for the area was to implement the city disaster prevention plan. With the organically laid-out streets and sloped terrain, there were no accessible routes for emergency vehicles. A careful plan was produced to consolidate some of the open spaces and abandoned houses to making a minimum width clearance of 2–3.5 m for emergency use. Designated areas amount the labyrinth of the buildings for emergency plaza and connect to a larger open area at the riverfront for shelter.

In 2010, after a long wait, residents moved back to their homes, but not necessarily back to where they were living before. Fifty units were planned for the artist-in-resident program. The remaining 50 units were renovated to become the youth hostel (Attic Hostel).

The renovation projects were contracted to Professor Liu ke-Ciang from National Taiwan University, Graduate Institute of Building and Planning in 2007. The construction work was done in a very flexible way. What was to be demolished or renovated was decided by the designers and the contractors on-site. The material and texture remained the same as the original; no beautification was implemented. The goal was to upgrade the infrastructure and ensure the structural stability of the place while keeping the raw characteristics of the buildings. A few residents feel that the house renovation work was done poorly, but others feel satisfied with the cleaner and safer space.

In 2003, Professor Kenneth Haggard from America (one of the leaders in passive solar architecture) and Professor Yoshio Kato from Japan (a distinguished professor specializing in sustainable architecture), renovated a house in Treasure Hill together. It was an experimental project to apply sustainable architecture methods in order to encourage natural ventilation and lighting and minimize heat gain. Today this place, the visitor center for Treasure Hill Artist Village "寶窩" (see photo 9 & 10), has become the heart of the community and the reference prototype for the following renovation work.

Art Village

The Taipei Culture Affair Bureau was involved in the Treasure Hill renovation project at a very early stage to ensure the "artistic" quality of space was not compromised by the renovation. Professional opinions were given to whether graffiti should be preserved, broken walls should be taken out, etc. The Bureau Commissioner's mission was to preserve the residents' lifestyle in the upgraded space. While residents have been saving old broken furniture, windows, and objects from the construction site, these objects are not the key to bringing life back to the village. It is how the new residents (the artists) interact with the old that matters.

Therefore, the Bureau has specified that the artist-in-residence program is not about renting a space for artists' workshops. The art has to consider the art and feedback of the community. The artists hold regular workshops with the residents to interact with the community. And the artists are invited to participate in community social events, like "one household one dish" (一家一菜), a regular community dining event.

The residents can also participate in the public feedback meetings for all the artist projects in the area. The artists respectfully take residents' opinions into consideration and the residents cherish these artworks when they are placed. Never have residents objected to the placement or damaged the artwork. The Bureau also invited international, well-known eco-artist Professor David Haley (U.K.) to hold workshops and lectures on-site. This will promote the ecological awareness of the residents and boost other artists' creative energy towards nature.

Treasure Hill "Co-op" Artist Village is one of a kind. It is not only because it is a unique community setting for creativity, but also because it is a living one. Since the village opened in 2010, it has gradually become the weekend hot spot for many young hipsters and families. And yet it remains free from much commercial activity and is the perfect escape from the hustle and bustle of Taipei.

I think what would truly make this community strong is to maintain a balanced mix of locals, artists, and visitors. But I believe no one has the right answer to what the perfect formula is. From my personal observations and conversations with the residents, some do appreciate the changes that this community is going through. I hope this unique place can survive the capitalist society and stay simple and real. Treasure Hill Village is no doubt the living museum of Taipei.

[case 18]

Kotagede: The Big City

IKAPUTRA

Associate Professor,
Department of Architecture and Planning
Faculty of Engineering, Universitas Gadjah Mada.

The name "*Kotagede*" originally came from two Javanese words: *Kutha* and *Gede* (Suryadilaga, 2013: 165). The words "*kutha*" and "*gedhe*" literally mean "city" and "big," respectively (Mook, 1986). Kotagede was considered a "big city" because of its position as the capital of the Islamic *Mataram* kingdom. There were two *Mataram* kingdoms in Javanese history, which are referred to as the Old and New *Mataram*. The old *Mataram* kingdom ruled from about 732–910 and was affiliated with both Hinduism and Buddhism. After its downfall, the region existed without a governmental power for years, until Islamic rulers, moving from east Java and the north coastal Cities of Java to inland Java, formed the New *Mataram* Kingdom, which started in 1578 and exists up to the present day. The city of Kotagede was the capital of the first Islamic palace city in the Old *Mataram*, and the Yogyakarta *Sultanate* is the latest capital of the New *Mataram*.

The Old *Mataram* dynasty built many famous stone buildings, including the Buddhist temple of *Borobudur* and the Hindu temple of *Prambanan*. This architecture was influenced by the unique cultural landscape of the region, which cannot be discussed without considering its proximity to one of the most active volcanoes in the world: Mount *Merapi*. However, Kotagede, the big city, built six centuries after the Old *Mataram* dynasty, was characterized by buildings of brick and wood. The shifting landscape of the Old and New *Matarams*—from stone to bricks and wood—indicates the dynamic process of culture and civilization.

Like the first Islamic palace city in inland Java, the city design of Kotagede was rooted in cities located on Java's north coast of Java—cities such as Lasem,

Tuban, and Demak. Traditional Javanese Islamic cities were typically composed of four elements, known as "*catur gatra*": a palace (*kraton*), mosque (*mesjid*), market (*pasar*), and square (*alun-alun*). However, the urban development of inland Java's Islamic palace cities was designed to demonstrate Javanese rulers' prowess in urban planning; these cities kept the four elements of the former city model, while creating a new concept that complied with the old pattern. Between 1578–1755, the evolutionary form (Fig. 4) of the new *Mataram* palace cities moved from conserving the basic *catur gatra*, as in the case of Kotagede, to designing a complementary new square—southern *alun-alun*—while still using the *catur gatra*, as in Kartasura and Surakarta, to the creation of a philosophical axis through which the *catur gatra* is interpreted, as in Yogyakarta, the most recent palace city (Ikaputra 1996: 25–26).

Kotagede, at the time the New *Mataram* dynasty started, had already been around for more than four centuries. The city had undergone a long process of transformation, and was made up of layers of changes, generating a unique townscape. Rereading Kotagede's layers paints an inspiring picture of how the city survived and regenerated itself against the dynamic context of urban change.

The Dynamic First Layer

Wilford Braunfels (1988: 232 in Kostof, 1992: 72) mentioned that the old city of Kotagede consists of three districts: *pagus regius* (royal district), *pagus clericorum* (religious district), and *pagus mercatorum* (market district). Similarly, the four components of Kotagede were also placed in these districts. The *kraton* and the *alun-alun* composed the *pagus regius*. The *alun-alun* was originally not the city square, as in western examples, but the front yard of the palace. The *masjid*, or city mosque, was set in the *pagus clericorum*, the center of activity for the Moslem community around the mosque; this was known as the *Kauman* compound, or *kampung*. Meanwhile, the *pasar* was built to accommodate the city's daily trading needs in the *pagus mercatorum*. In other words, those four components did not stand alone as a single city landmark or urban open space, but were the location of specific activities that influenced the immediate district and its function in the city. This also meant that any change of role, function, or context would also shift the surrounding district.

The historical city of Kotagede,

almost four and half centuries old, was formed of dynamic layers caused by cities dynamic growth; as these layers built, they formed new cityscapes, were covered up, or even eventually disappeared. The most significant change in Kotagede was the decline of ruling power after the last king died in 1645. The absence of a ruler meant that the symbolism of the palace district began to disappear. Kotagede's palace no longer exists. Today, under a grove of banyan trees in the palace district, the city left only the palace's most sacred element—a stone seat that used to serve as the king's throne.

The *alun-alun,* or city square, was not open public space to serve the citizens (Pigeud, 1940: 177), but a symbol of the Sultan's dignity (Ikaputra and Narumi, 1994: 337–342). In the middle of the *alun-alun* were twin sacred banyan trees, which recalled an umbrella-like shape called *songsong,* an important symbol of kingship and authority (Behrend, 1982: 27–30). The *alun-alun* also used to host important practices and festivals, such as the practice of *pepe* (asking for justice), the tournament-like *watangan* (royal military practices), and an Islamic festival known as *Garebeg.* (Rafless, 1817: 345-348 and Ricklefs, 1974: 60–61) As part of the palace's front yard, the *alun-alun* was also threatened by the decline of royal power. In modern-day Kotagede, the *alun-alun* no longer functions as a town square, but is filled with the traditional Javanese urban settlement called *kampung alun-alun.* A new layer of dense settlement covered the original layer of open space.

Throughout history, the phrase "markets are people" has been an important part of understanding urban design; market space is essential to accommodate the mundane needs of the people who settle in a neighborhood (Epstein, 1967: 93 and Weber, 1996: 66). The fact that, until recently, *pasar* has been an essential part of the city means that the *pasar* in Kotagede still plays its traditional role. Every historic city still has a great mosque that facilitates the daily religious life of both aristocratic families and common people (Ikaputra, 1996: 35–36). Often, settlements develop around the *pasar* called *Kauman,* where the Islamic *kaum,* or community, live. Today, the Kotagede mosque continues to serve as a place for the *ibadah* (worship) and *dakwah* (spreading) of the Islamic religion, as it has for centuries. The Kotagede mosque is very unique, with bricks forming a split-gate architecture that is often associated with Hindu architecture from east Java or Balinese architecture, and a mountain-like stacked roof called *tajug,* which expresses the sacred architecture of the mosque. The landscape of the mosque complex is believed to remain true to original atmosphere of Kotagede.

The Folk Heritage Layer and ItsVulnerability

If Kotagede's four architectural components belong to kings and religions, the unique neighborhoods spread throughout the city, which are made up of traditional houses, can be considered folk architectural heritage. In Kotagede, this heritage can be divided into two types: *Kalang* houses and Javanese traditional houses. *Kalang* houses belonged to *kalang,* or merchant, families who expressed their eclectic characters through the architecture of their homes. These houses are often characterized by a mix of Javanese and European styles (UNESCO, 2007: 19). Most of the *Kalang* houses are located on the main street. Traditional Javanese houses, which often built within the district blocks, consist of at least three components: (a) *pendopo,* (b) *dalem/omah, and* (c) *pringgitan*. The *pendopo* is an open layout with a unique wood architecture. It is structured through four pillars (*soko guru*) and supported stacked horizontal beams (*tumpang sari*), which form a rectangular, cone-shaped roof, called *joglo*. The *pendopo* functioned for entertaining guests, Javanese cultural practices (dance, music, etc.), and other activities necessary to maintain the symbolic status of a rich Javanese family. *Dalem/omah* literally means "house"; it was a relatively big house with a wooden structure, similar to *pendopo* but with wall partitions to accommodate a family's living activities. The *pringgitan* is a linear space between the *pendopo* and *dalem/omah*. During family festivals, it functioned as a place for *ringgit* or *wayang* (shadow puppets). Besides these three main components, some homes also had a pavilion, called *gandok* (set to the left or right) or *gadri* (set at the back) . All houses faced the south in order to respect the Javanese goddess *Nyai Roro Kidul*, queen of the south ocean who protected the *Mataram* kingdom (Nakamura, 1983 in Wondoamiseno & Basuki 1986: 10). Each traditional house was surrounded by walls and connected to its neighbor with doors (*butulan*).

Traditional house compounds in Kotagede were much different, and missing some or all of these components. There are many possible reasons for these architectural differences, including the division of an inheritance, the changing function of living space, economics, natural disasters, or the reconstruction of damaged buildings. The component that is the easiest to change is the *pendopo*; as family inheritances were divided between offspring, the *pendopo* was often remodeled into living space. Many *pendopos* were dismantled and sold for economic reasons. Some totally collapsed in the 2006 earthquake. Most *dalems/omahs* are still serving as living space, with some modifications. Many *dalems* with *pavilions* (*gandok/gadri*) were also damaged by the earthquake. *Pringgitan,* once a space to host shadow puppet performances, are now merely linear paths between buildings. Some land where *pendopos* or other structures once stood are now vacant land, have been made into *kebon* (kitchen garden or green yard), or sold to other people. Owners rarely reconstruct *pendopos* or other traditional houses on vacant land. There have thus been many efforts to reconstruct the damage caused by the 2006 earthquake to traditional homes in order to preserve Kotagede's identity as one of Java's historical cities.

The Unique Nature of the Latest Layers

Most Javanese houses with *pendopo-pringgitan-dalem* components were arranged next to other "sibling" houses that formed lines going to the east and west. The east west lines of traditional houses that still exist are believed to be the original layer of Kotagede's urban settlement. Originally, most of the settlement had an entrance or connected alley on the south side. Only some have access from both the south and north, an additional side entrance to the east or west.

In 1986, Wondoamiseno and Sigit Sayogya Basuki discovered a pattern from this heritage settlement pattern and named it "Kotagede between two gates". They explored a linear east-west neighborhood in *Kampung Alun-alun,* which was formed by the interconnected traditional houses with an alley in the middle of the settlement, called *Jalan Rukunan*. The *Jalan Rukunan,* which literally means "peaceful street," was with the shared lands of surrounding families to create a public access to and from each individual home that was connected to their neighbors (Indartoro 2000: 30-33 and Ikaputra, 200: 2367). In Kotagede, *Jalan Rukunan* formed a linear cluster of traditional houses that connected the *pringgitans* with those in homes where the owners' siblings or closest neighbors lived. The path is not always straight, but does form a continuous, linear space (Wondoamiseno & Basuki, 1986: 70). Each end of the path that connected the houses was marked by a gate. *Kampung Alun-alun* use of "Kotagede between two gates" is considered an example of good neighborly consensus; it formed a unique linear settlement that considered not only the division of inheritance, but also the changing function of space and economic changes, since some houses were sold to families not originally from Kotagede.

By observing other examples of "Kotagede between two gates," we found some neighborhoods where the original settlement pattern is still apparent (i.e. the east-west linear houses with an access linkage at the south). We looked at whether the *pringgitans* were converted into *Jalan Rukunan* that formed a single access to connected houses within the compound or not. Some f *Jalan Rukunan* were not straight, but stopped or turned in the middle of the row of houses or at a house which was sold to other people. Case studies of neighborhoods—including *Krintenan*, *Pekaten*, *Ndorakan kulon*, *Omah UGM* cluster, and *Omah Loring Pasar* cluster—show how families and neighbors reached consensus over the formation of an alley. These neighborhoods proved that the houses flanking the alley influenced the form of *Jalan Rukunan*, where the entrances were located and whether they had gates, and how the traditional houses changed in form, function, or in their very existence.

The Question of Identity

The issue faced by a heritage city such as Kotagede is one of identity. Kotagede, centuries old already, will definitely create new urban layers over the existing ones in order to survive the dynamic changes of the future. Erickson & Roberts (1997; 36 in Bilgenoglu, 2004; 1) define "identity" as "the qualities that make a place capable of being specified or singled out, and create a uniqueness comparing with other places." Thus, Kotagede's identity is reflected both in the specific architectural or urban forms and in the meaning the built environment of Kotagede has for its community. The city components in the original urban layer, the existence of traditional houses in the folk heritage layer, and the formation of linear settlements and "Kotagede between two gates" in the present layer should all be considered cultural assets to build an identity that not only preserves particular architectural forms but also maintains historical value and meaning for Kotagede's community.

[case 19]

Historical Kampung of Kauman Yogyakarta Indonesia: Plot Development and Spatial Transformation of Housing

Retna HIDAYAH

Associate Professor,
Department of Civil Engineering and Planning Education,
Yogyakarta State University.

This paper introduces the development and transformation of Kauman's historical urban kampung settlement. It focuses on the plot development and spatial transformation of housing to provide a better understanding of the spatial use in the inner city of Old Kampung in order to propose more appropriate informal settlement in urban Yogyakarta.

Kampung Kauman, a Historic Settlement

Kauman in Javanese means place for *kaum* (Islamic leader). Kampung Kauman was initially a settlement destined for the Islamic leaders, as royal servants, in charge of organizing Islamic activities centered in the great mosque. *Juragan batik* (traditional painters) also inhabited the village, and both have taken a role in reviving the tradition and economy that characterized the Javanese-Islamic village.

As a Java-Islamic kingdom, Yogyakarta characterized not only by the palace itself, the square, and the market, but also by the mosque. The existence Kampung Kauman could not be separated from the existence of the great mosque; both are important elements of Yogyakarta palace formation. As Yogyakarta has developed into urban areas and the influence of the kingdom began to diminish after the independence of Indonesia, Kampung Kauman village has experienced a transformation. However, the existence of Kampung Kauman as a Muslim residential area remains and recently it was recognized as a Muslim archeological site.

Urban development implies a process of urbanization; Kampung Kauman has become more densely populated since the kampung became an alternative place for new migrants. Much of Kampung Kauman's space is now inhabited by new migrants, including those who commit live their lives by Islamic teachings. Together with the posterity of previous Islamic leaders (called the "native residents," along with others, like traditional batik artisan families), the newcomers continue to perform religious services centered in the great mosque.

In Mulyati, Darban (1995) highlighted that the community of Kampung Kauman has strong relationships as the result of kinship and religious relationships. Kampung Kauman covers an area of 192,000 m^2 and is occupied by 2,978 people. Almost 65% of these residents have some kind of kinship relationship. The present residents have various occupations; most are entrepreneurs (30.8%) or retired (26.9%). Others are government employees (18.6%), private employees (14.3%), or laborers (9.4%). It seems that even as these residents go into different fields, they are living out the spirit of entrepreneurship present in their forefathers. Present entrepreneurs carry out various works such as tailoring, cloth production and silk screening, food production, and catering.

Land Tenure Development

The sultan gave Islamic leaders living in Kauman land for their living quarters. The Sultan granted a parcel of land (*tanah gaduhan,* literally: "lent out land") in the west side of the great mosque through the *anganggo* system ("right to use"). The land grantee did not need to pay taxes for the land they used. Then, as the *juragan batik* started to move into the area, *magersari kampung* appeared as the second land management system in Kampung Kauman. The sultan also granted the *juragan batik* a parcel of land similar to that Islamic leaders received, but since *juragan batik* employed many *batik* artisans, who need to live around the *juragan batik*, the *juragan batik* then granted the land to their employees through the *magersari kampung* ("permit to use") land system.

The sultan decree in the year 1926 marked the shift of land tenure in Yogyakarta, which offered land *anganggo* right grantees property rights (Adhisakti, 1997). The shift was not automatic; it was carried out through the request of land grantees to the sultan. *Tanah gaduhan* ("lent out land") in Kampung Kauman was first granted to Islamic leaders, *juragan batik*, and later other urban communities. This kind of property could be inherited for posterity; however, the land inheritance that was practiced in the traditional system remains to the present day.

The Basic Agrarian Law (BAL) that was introduced in 1960 by the Indonesian government is a compromise in regards to the regulation of traditional and modern land systems (Hoffman, 1992: Sumardjono, 2001). It formally abolished the old system; however, both the traditional and this new land management system are interchangeably implemented. Figure 2 shows the simplified land tenure in Kampung Kauman that classified possession into three categories: kraton land, village land, and private lands. The figure does not draw the complicated situation within the private lands that were categorized into registered lands under the Republic of Indonesia land system and unregistered lands under the traditional land system.

Compound Housing

Bonnef (quoted by Mulyati, 1995) defined Kampung Kauman as groups of unbounded and dense housings with various entrances directions. Never ending and narrow alleys that connected these groups of houses have become the main circulation in the kampung in form of *gang*-main alley and *jalan rukunan*-secondary alley (Guinnes, 1986). The explanation of plot development in the kampung could clarify the formation process of such spatial composition.

In the early stage, the first land division was started by the sultan, as the owner of the lands, by giving a parcel of land under the *magersari* system (Ricklefs, 1974). Islamic leaders, *juragan batik*, and other urban residents were granted a parcel of land where they could build a single house. The lands were wide enough to build a house for a single family and offered them the possibility of building a Javanese traditional home that was usually attached by the house yard (front yard, side yard, and back yard). The yard was one of the most important elements of housing, since the Javanese believe that living space is comprised of the relationship between indoor and outdoor space. Ikaputra (1995) highlighted the importance of yard in noble and royal family houses; the front yard expresses nobility, as demonstrated by the landscape and architectural features, while the back yard constitutes private living spaces. Those aristocratic houses were usually bounded by fences, which meant people had to enter through the gateway (*regol*). Different from aristocratic houses, it was unnecessary for most residents of Kampung Kauman to implement a clear boundary around their housing site. Their yard was thus dedicated to pathways that other neighbors could use to make a passageway between homes.

Urbanization has led Kampung Kauman to become more densely populated. Single houses on a plot have been transformed into compound houses. The yard, which became one of the most important components in traditional Javanese housing, has been exploited to build other single houses. Compound houses could be classified into two categories: those based on kinship relationships and those based on patronage relationships (Hidayah, 2006). Kinship relationship houses work under the traditional land inheritance (Figure 3), while patronage relationship houses work under the *magersari* land management system (Figure 4). In many cases, a building was constructed on a plot without regard to the existence of a public way, especially in the former period, when a resident strictly obeyed the tradition of always placing the building according to a particular orientation (Hidayah, 2005). Most compounds have various forms of gates, which serve as a compound marker as well as a doorway to the compound (Figure 5).

The development of the plot from single into compound houses influenced the entire settlement structure. The structure of public way changed over time, depending on the further development of the plot; various forms and depth of spaces were created. In some plots, public ways were created, in others, continuous ways or dead ends, as well as strong or weak enclosures. Based on compromises among residents, many public ways shifted from private to public control; most became the "main alley" in the settlement. Based on the ease of access, they also indirectly pointed to the various depths of private territory and hierarchy of space. However, the quality and depth of the hierarchy, public way became a public space for people to socialize and gather; this space performed an important social function in Javanese settlements (Haryadi, 1989; Marcussen 1990).

The transfer of land tenure in 16 plot cases shows that the traditional inheritance system occupies the majority of land division in a plot and constitutes 62.7% of the total surveyed plots (Hidayah, 2004). The land was considered heirloom properties by most residents; it not only reflects the resident of the property but also expresses the existence of the owner. It is not surprising that the landowner made an effort to sustain their existence and keep their land; it means that the resident believes a loss of the land would imply the loss of existence (Sairin, 1992). In such cases, dividing the land for posterity or to relatives was carried out by the majority of landowners to avoid loss of existence; this is the reason for the kinship relationship of residents in a plot. It seems that both Muslim leaders, *juragan batik,* and other residents need to sustain their existence in kampung through the mechanism of inheritance land. Kinship relationships among Kampung Kauman residents, however, mostly influences the development and division of land. This indicates that the spatial and physical development of land was controlled by social networking.

Transformation from Single into Multifamily Housing

Indigenous houses were primarily developed as typical Javanese housing, equipped with *limasan* or *kampung* roof types (Tjahyono, 1989); the common roof used by ordinary people. Most former houses faced the south; as the kampung has become more densely populated, buildings now face various directions. A house's spatial composition mostly followed the typical Javanese house, with a division of rooms and space according to social accessibility. In many cases, Chinese and colonial ornaments are present, especially in *juragan batik* houses.

It is important for Javanese people to establish a new, nuclear, and autonomous house after marriage. A house is considered to define the existence of a household; it reflects the concept of home and family. In Javanese, house and home are literally *omah*; one who gets married is called *omah-omah*; a housewife is *somah*. This indicates that a house reflects the existence of family for the Javanese (Sairin, 1992). Therefore, Javanese people commonly attempt to build a complete house during their lifetime, even if this takes a long time; the existence of a house verifies their existence.

It seems that the housing problem emerges in modern urban areas because not all young couples can acquire new houses. In Yogyakarta, 22,409 households (22.16% of the total households in the city) do not have the ability to acquire housing and live in a relative's house. Kampung Kauman is included in those kampung in Yogyakarta that face a housing shortage. There has been no new housing development in Kampung Kauman over the past 15 years (1995–2010); there are still 385 houses. The population has increased from 2,600 people in 1995 to 2,978 in 2010, while the number of households has increased from 474 in 1995 to 531 in 2010. The growth implied by the numbers of housing shortage increased from 23.1% in 1995 to 32.2% in 2010. This means that the number of households sharing a house with other households has increased in Kampung Kauman.

Existing traditional houses in Kampung Kauman are potential housing markets; they could provide more housing for old or new inhabitants. In such utilization, the continuity of historic-cultural life in the city must be maintained (Tipple, 1996). Many indigenous traditional houses have been expanded and rearranged to serve more family members or other inhabitants. The nuclear family housing has shifted to multifamily housing occupied by more than one nuclear family. Diagram 1 shows that during the past 15 years (1995–2010) the number of houses occupied by one or two nuclear families has decreased, while the number of houses occupied by three or four nuclear families has increased. This indicates that the tendency to house more family in one building is continuously increasing, up to the present day.

Conclusions

1. Plots of land were gradually subdivided into smaller plots; this created various forms, sizes, and depth of plots. In Kampung Kauman the subdivided lands were distributed in the following ways: 32% through land transaction, 62% through traditional inheritance, and 5.3% through the *magersari* system. This indicates that the spatial and physical development was controlled by and for social harmony.

2. Plot occupation has transformed from single into compound houses. The compound occupation is based on kinship and patronage relationships. Housing development in the plots that regards the organic order (as opposed to the regular order) offers the potential to create organic movement. The structure of public ways could change over time, depending on the plot's further development; this creates various forms and depths of spaces. This might create public ways in continuous or dead end forms, as well as strong or weak enclosures. Such development also indirectly performs the various depths of private territory and hierarchy of space based on the ease of access within. Whatever the quality and depth of the hierarchy, public way becomes a space for the people to socialize and gather.

3. Existing traditional houses in Kampung Kauman are potential housing markets; they could provide more housing for old or new inhabitants. In such utilization, the continuity of historic-cultural life in the city must be maintained. Many indigenous traditional houses were expanded and rearranged to house more family and other inhabitants. Nuclear family homes have shifted to be multi-family housing occupied by more than one nuclear family.

あとがき

　本書は10年を超える東アジアの大学との設計交流学生ワークショップを端緒としている。

　2005年より神奈川大学建築学科は、東アジアの大学と建築学術交流セミナーを実施している。都市居住環境と建築デザイン教育をテーマとしたもので、最初は韓国・成均館大学校との2大学交流でスタートし、現在、韓国（成均館大学校）、台湾（台湾科技大学）、中国（哈爾浜工業大学、一時まで同済大学と武漢工業大学）と本学の4大学交流となっている。2007年から、セミナーに学生設計交流ワークショップが組み込まれ、ワークショップでは開催校が所在する都市の脆弱街区を課題として取り上げてきた。

　これまで対象とした課題敷地は、武漢の里份住宅地区の環境整備（武漢、2007）、世界遺産・華城を有する水原の文化景観と調和した住環境（水原、2008）、台北の文教地区にある日式住宅群のコンバージョン（台北、2009）、エッジを空間特性とする新山下町周辺の環境デザイン（横浜、2010）、歴史的都市の問題街区の再生（水原、2011）、台北の日本植民地時代に建てられたビール工場敷地のリノベーション（台北、2012）、哈爾浜の廃品回収業密集工場跡地の再生（哈爾浜、2013）、横浜のヤミ市を起源とする商店街の再生（横浜、2014）、台北の不法占拠地区を敷地とするキャンパスデザイン（台北、2016）である。

　これら課題敷地の多くは、貧困エリアとして都市計画家や行政の関心から外されてきたものの、旧市街地の中心に位置し、まちの形成史と深く関わってきた問題地区である。私たちは、ワークショップの対象地として、その地区の成り立ちを学び、フィールドワークし、さらに再生の空間的糸口を見つけることでこれら問題地区に向かい合ってきたのである。

2013年秋、これらの研究交流及びワークショップ課題に関わる調査を素地として、神奈川大学アジア研究センター共同研究「東アジア4国際都市の脆弱地区の調査、ならびに環境社会再生への方法の探求」を立ち上げた。東アジア4国際都市とは現在、交流セミナーを実施している大学の所在地、横浜（日本）、台北（台湾）、水原（韓国）、哈爾浜（中国）を指し、これらの都市は近代において似たようで異なる複雑な国際的背景をもち、そのなかでそれぞれ発展を遂げた点で共通している。また、各都市が抱える脆弱地区は、都市の整備発展過程から外れ、環境的社会的課題を有し、それぞれの都市が向かい合ってきた複雑な国際的背景を反映している。共同研究は、これら脆弱地区の課題・背景を調査し相互比較したうえで、その再生戦略についても検討し、アジア的再生計画論を構築することを目的としている。

　共同研究では、年に1度の交流ワークショップやまち再生に関わる各国の研究者との意見交換、研究者を招いての研究会に加えて、2回の海外調査を実施した。2014年2月に香港、2015年9月にインドネシアのジョグジャカルタである。香港では、湾仔のショップハウスと九龍の石硤尾邨団地など再生事例、文化的観光地として再生した漁業水上集落・大澳を対象としたフィールドワークを実施した。ジョグジャカルタでは、ガジャマダ大学イカプトラ教授、ジョグジャカルタ市立大学レトナ教授の協力を得て、歴史的保存地区及び都市内集落（カンポン）の実態調査及び震災復興の事例調査を実施した。

　本書は、本共同研究に基づき、共同研究のメンバー、交流大学の研究者、さらに国内及びアジアの著者の協力を得てまとめたものである。

　韓国・成均館大学校、台湾・台湾科技大学、中国・哈爾浜工業大学、武漢工業大学との交流がなければ、アジアのまち再生と向き合うことはなく、本書の内容もこれほど豊かなものとはならなかった。毎年1度以上の頻度で会い、まちをともに歩き回り、おおいに語り合った。本書に寄稿いただいた先生はもちろんのこと、交流事業の創始者である神奈川大学・高橋志保彦名誉教授、そして、成均館大学校・任昌福名誉教授、愼

重進教授、李中原教授、台湾科技大学・李威儀教授、邱奕旭教授、哈爾浜工業大学・孫澄教授をはじめとする多くの教員との関わりのうえに私たちの活動は成り立っている。

アジア研究センターには、これまで10年を超えて活動してきた内容を共同調査研究として発展させ、それをまとめる機会をいただいた。

鹿島出版会の川嶋さんには、多くの著者との調整に奔走する鄭一止と私を助け、的確なアドバイスと励ましをいただいた。

あらためて心より感謝の意を伝えたい。ありがとうございました。

執筆者はいずれもアジアの大事な友人たちである。彼らといっしょに本が出せたことを幸せに思う。

2017年1月
カンボジア・シェムリアップにて
　　　　　　　　　　山家京子

図版出典およびクレジット一覧

特に記載のないものは筆者による撮影、作成、提供による。

case 1

図4：沙永傑『中国城市的新天地』中国建築工業出版社、2010年
図6：李江『中国内陸地域における都市と建築の近代化過程に関する研究――武昌、漢口、漢陽を中心に（1861-1959）』東京大学博士論文、1999年
図7：武漢歴史地図集編纂委員会『武漢歴史地図集』中国地図出版社、1998年
図8：百度地図（http://map.baidu.com/）
図9：武漢市規画局「規画設計条件」
図10：SOM「武漢天地城市設計総平面図」、沙永傑『中国城市的新天地』中国建築工業出版社、2010年より転載
図11：武漢市規画研究院提供
図15：楊冕『城市更新中的歴史建築再生問題研究：以"武漢天地"為例』華中科技大学修士論文、2010年

case 2

p.032上：『真宗本派本願寺台灣開教史』
p.032下：1958年地形図をベースに作者表記

case 3

pp.047-048、050：レトロモデル作法集

case 4

図3：ハルビン市建築設計院
表1：インターネット

case 5

p.060：『黄金町まちづくりニュース』vol.101より抜粋
pp.066、069上、072上・中、073、074、075上・下：撮影＝笠木靖之

case 6

p.080：仁川広域市中区

case 7

pp.090-091：三津お散歩マップ
p.092：ウェブサイト「ミツハマル」<http://mitsuhamaru.com>
p.093：YouTube「低炭素まちづくり　三津浜編」<https://www.youtube.com/watch?v=_bd9AA8BLds>

case 8

図1：横浜開港資料館編『彩色アルバム　明治の日本　横浜写真の世界』有隣堂、1990年
図2：「横浜真景一覧図絵」横浜開港資料館蔵
図3：「横浜外国人居留地日本市街堺道路之図」国立公文館内閣文庫所蔵（横浜開港資料館『R.H.Brunton』1991年）
図4：『第二十回関東東北医師大会記念写真帳』

case 9

p.110上：撮影＝撮影山家京子
p.110下：『大邱・新擇里志』2007年
図5：『大邱の再発見』2013年、p.69
図6：『都市アーカイブ』2014年、pp.64-65
図7：『近代建築物統合管理マトリックス』2013年
図8：2011年北城路リノベーション「北城路・再発見」展示会用リーフレット

図9、10、11、12、15、17、20、22、24：撮影＝支援センター

図14：『2014年度北城路・近代建築物リノベーション事業白書』2015年；鄭一止（2016）

図19：『2014年度北城路・近代建築物リノベーション事業白書』を参照し、著者が修正

case 11

図1：横浜中央図書館蔵

図2：日本建築学会編『店舗のある共同住宅図集』1954年8月

図4：Google earth

図6、12：横浜市建築助成公社『火事の無い街』1961年

図7：藤岡泰寛「横浜の防火帯建築と戦後復興」ウェブサイト、2013年8月

case 13

図1：Google map

図3：『重新看見寶藏巖―開發中國家都市非正式文化地景的營造過程與形式』台北：國立臺灣大學、1999年

図6、7：『擬定臺北市中正區寶藏巖歷史聚落風貌特定專用區細部計畫案』台北市政府、1996年

図8：『藝居共生　藝術進入寶藏巖對居民生活世界影響之探究』台北：國立臺灣師範大學、2013年

図12：トレジャー・ヒル公式サイト

図14：Treasure Hill Eco-Art Workshop and Lectures 寶藏巖生態藝術系列講座及工作坊7

case 14

p.174上・下、図7、10、11：撮影＝河本一満

図4、5、14：撮影＝丸山美紀

case 16

図5、6、7、11、13、14、15、16、17：撮影＝曽我野昌史

図1、2：Mahila Milan

case 17

図7：ガジャマダ大学制作

case 18

図9a：Wondoamiseno, Rachmat and Basuki, Sigit Sayogya (1986) *Kotagede between Two Gates*. Published under the visiting Professor Program between department of Architecture, Faculty of Engineering, Universitas Gadjah Mada and School of Architecture and Urban Planning, University of Wisconsin-Milwaukeeを再作図

case 20

図1、4：Abbad Al Radi, *The Aga Kahn Award for Architecture 1992*, Kampong Kali Chode, Technical Review Summary.

図1、2：平尾和洋ほか「インドネシア・ジョグジャカルタ市のロモ・マゴン・カンポンの居住環境改善経過に関する考察」『日本建築学会計画系論文集』No. 574、2003年12月、105-112頁。

図5、6：Ikaputra, "Core House: A Structural Expandability For Living Study Case of Yogyakarta Post Earthquake 2006," *Dimensi Teknik Arsitektur*, Vol. 36, No. 1, Juli 2008, pp. 10-19.

編著者略歴

編著者

山家京子 Kyoko YAMAGA
神奈川大学工学部教授／都市計画・まちづくり
1959年大阪府生まれ。京都工芸繊維大学工芸学部卒業、東京大学大学院工学研究科博士課程修了。博士（工学）。東京大学生産技術研究所助手を経て、1997年神奈川大学専任講師、2006年より現職。主な著書に『建築・都市計画のための調査・分析方法［改訂版］』（井上書院）など。

重村 力 Tsutomu SHIGEMURA
建築家、Team ZOO いるか設計集団主宰、神奈川大学客員教授、神戸大学名誉教授
1946年神奈川県生まれ。1969年早稲田大学卒業。博士（工学）。1970年象設計集団設立。アメリカ建築家協会名誉フェロー。元日本建築学会副会長、同学会賞受賞。主な著書に『図説集落』（都市文化社）、『集住の知恵』（技法堂出版社）など。主な作品に「脇町図書館」（吉田五十八賞）、「ひぼこホール」（日本建築学会作品選奨）、「弘道小学校」（ARCASIA金賞）など。

内田青蔵 Seizo UCHIDA
神奈川大学工学部教授／近代日本建築史、近代日本住宅史
1953年秋田県生まれ。神奈川大学工学部建築学科卒業。東京工業大学大学院博士課程満期退学。工学博士。現在、神奈川大学非文字資料研究センター長を兼務。主な著書に『あめりか屋商品住宅』（住まいの図書館出版局）、『日本の近代住宅』（鹿島出版会）、『同潤会に学べ』（王国社）、『間取りで楽しむ住宅読本』（光文社）、『お屋敷拝見』（河出書房新社）、『図説 近代日本住宅史』（共著、鹿島出版会）など。

曽我部昌史 Masashi SOGABE
建築家、神奈川大学工学部教授／建築デザイン・都市デザイン
1962年福岡県生まれ。1988年東京工業大学大学院修了、伊東豊雄建築設計事務所入所。1995年みかんぐみ共同設立。2001年東京藝術大学助教授。2006年より現職。主な作品に「マーチエキュート神田万世橋」。主な著書に『団地再生計画』（LIXIL出版）。

中井邦夫 Kunio NAKAI
建築家、神奈川大学工学部教授／建築構成学・建築設計
1968年兵庫県生まれ。1991年東京工業大学工学部建築学科卒業。1999年同大学院博士課程満期退学。博士（工学）。1996−97年フランクフルト造形芸術大学シュテーデルシューレ。2003年小倉亮子とNODESIGN設立。東京工業大学大学院助教を経て、2008年神奈川大学准教授、2015年より現職。2005年度グッドデザイン賞、2008年日本建築学会作品選奨などを受賞。主な著書に『建築構成学』（共著、実教出版）など。

鄭 一止 Ilji CHEONG
神奈川大学工学部助教／まちづくり・都市計画
1980年大邱生まれ。2005年ソウル市立大学卒業。東京大学大学院都市工学専攻博士課程退学、博士（工学）。2012年神奈川大学助手を経て、現職。主なプロジェクトに館山エコミュージアム、横浜市六角橋商店街の景観まちづくり。主な著書に『世界のSSD100――都市持続再生のツボ』（彰国社）、『自分にあわせてまちを変えてみる力――韓国・台湾のまちづくり』（萌文社）。

著者（アルファベット順）

莊亦婷 I-ting Chuang
建築家、台湾科技大学建築学科プロジェクト助教授
1975年台北生まれ。1999年オークランド大学卒業（最優等学位）。2001年ハーバード大学デザイン大学院修士課程修了。2016年Germany iF DESIGN AWARD受賞。LeChA (Lee & Chuang Architects)共同主宰。主な作品に「Of the Competition – A design thinking and spatial practice process (2016)」、「Architectural Program – A process of the design thinking from very beginning (2017)」。

長谷川日月 Akira HASEGAWA
建築家
1984年神奈川県生まれ。2010年神奈川大学大学院博士前期課程修了、Klein Dytham architecture 入所。2016年神奈川大学工学研究所特別研究員。主な作品に「戎町津波避難タワー」「赤松地区防災拠点施設」「神戸市役所危機管理センター防災準備室」。

レトナ・ヒダヤー Retna HIDAYAH
ジョグジャカルタ州立大学准教授／都市計画
1969年ジョグジャカルタ生まれ。1994年ガジャマダ大学卒業。1998年同大学大学院修士課程修了。2006年神戸大学大学院博士課程修了、博士（工学）。主な著者に「Culture, Continuity, and Change: the Shift of Single into Multifamily in Individual Javanese Dwelling」「Domestic Space Arrangement of the Private Rental Housing: a Case of Urban Village Housing of Yogyakarta Indonesia」など。

イカプトラ IKAPUTRA
建築家、アーバンデザイナー、ガジャマダ大学准教授／建築都市デザイン・復興まちづくり
1962年ジョグジャカルタ生まれ。1985年ガジャマダ大学卒業。1992年大阪大学大学院都市環境デザイン領域修士課程修了。博士（工学）。2004年－2012年アチェ復興まちづくりに従事。1997年国際コンペ「Low Income People Housing/Flat」最優秀賞。2016年ガジャマダ大学建築都市デザイン修士プログラム代表。主な作品に「Spontaneous Settlement」「Core House」など。

石田敏明 Toshiaki ISHIDA
建築家、神奈川大学工学部教授、前橋工科大学名誉教授／建築デザイン
1950年広島県生まれ。1973年広島工業大学卒業、伊東豊雄建築設計事務所入所。1982年石田敏明建築設計事務所設立。1997年前橋工科大学教授。2016年より現職。主な作品に「富士裾野の山荘」「印西消防署牧ノ原分署」。主な著書に『建築と私』（京都大学学術出版会）など。

李百浩 Baihao LI
東南大学建築学院教授／都市計画史
1963年山東省煙台生まれ。1985年武漢城市建設学院卒業、1988年重慶建築大学修士取得。1989－1992年神奈川大学外国人研究員。1997年同済大学博士取得。1999－2011年武漢理工大学教授。2011年より現職。主な著書に『中国近代城市規画与文化』（湖北教育出版社）など。

李朝 Zhao LI
東南大学建築学院博士課程／建築設計・都市計画
1988年山東省済南市生まれ。2012年武漢理工大学土木工程与建築学院建築学卒業。2015年天津大学建築学院建築学修士課程卒業。2015年東南大学建築学院城郷規画学博士課程在籍。

丸山美紀 Miki MARUYAMA
建築家
1973年長野県生まれ。2000年東京工業大学大学院修士課程修了、みかんぐみ入所。2004年一級建築士事務所マチデザイン設立。2014年一般社団法人アンド・モア共同設立。2016年神奈川大学工学研究所特別研究員。主な作品に「京急高架下文化芸術活動スタジオ・黄金スタジオ」「赤松地区防災拠点施設」（神奈川大学曽我部研究室と協働）、「本棟の家」「戎町津波避難タワー」。

松本康隆 Yasutaka MATSUMOTO
南京工業大学建築学院特聘副教授／建築史
1975年奈良県生まれ。1999年近畿大学卒業。2001年同大学院修士課程修了。2006年京都工芸繊維大学博士号取得。2006－2009年奈良文化財研究所派遣職員、2009－2011年京都工芸繊維大学非常勤研究員、2011－2013年南京工業大学外国専家、2013－2015年東南大学博士后研究員、2016年より現職。

岡部友彦 Tomohiko OKABE
コトラボ合同会社代表／まちづくり・リノベーション
東京大学大学大学院修士課程修了。2004年まちづくり事業を行い、2007年コトラボ合同会社を設立。横浜と松山に支店があり、10拠点で様々な事業を行っている。横浜市立大学非常勤講師。主な著書に『日本のシビックエコノミー』（フィルムアート社）、『まち建築』（彰国社）など。

上野正也　Masaya UENO
NPO法人黄金町エリアマネジメントセンター事務局次長／まちづくり、都市計画
1981年横浜生まれ。2006年関東学院大学大学院修了、環境デザイン研究所入所。2009年NPO法人黄金町エリアマネジメントセンター、2013年横浜トリエンナーレサポーター事務局（兼務）。2016年横浜市立大学共同研究員。博士（学術）。

王恵君　Huey-jiun WANG
台湾科技大学建築学科教授／建築史
成功大学建築学科卒業、1995年横浜国立大学大学院建築学専攻博士課程修了、台湾科技大学副教授。2008年より現職。主な著書に『台湾都市物語』（共著、河出書房）、『Transforming Asian Cities』（共著、Routledge, London and New York）など。

王馨笛　Xindi WANG
ハルビン工業大学大学院

山口秀文　Hidefumi YAMAGUCHI
神戸大学大学院工学研究科助教／建築計画・都市計画
1974年大阪府生まれ。1996年神戸大学工学部建設学科（建築系）卒業、1998年同大学院自然科学研究科博士課程前期課程修了。神戸大学工学部教務職員を経て2011年より現職。博士（工学）。

楊惠亘　Hui-hsuan YANG
横浜市立大学都市社会文化研究科客員研究員／都市デザイン・都市計画
1981年台湾台北市生まれ。2003年台湾大学農学部園芸学科卒業。東京大学工学系研究科都市工学専攻修士及び博士課程修了。博士（工学）。2013年横浜市立大学グローバル都市協力研究センター特任助教を経て、現職。主な著書に『創造性が都市を変える』（共著、学芸出版社）、『都市経営時代のアーバンデザイン』（共著、学芸出版社）など。

尹仁石　In-suk YOON
成均館大学校建築学科教授／近代建築史
1956年ソウル生まれ。成均館大学校建築工学科卒業（学士、修士）、東京大学大学院工学研究科博士課程修了、博士（工学）。1991年より現職。

吉岡寛之　Hiroyuki YOSHIOKA
建築家、神奈川大学工学部助教／建築デザイン・都市デザイン
1976年東京都生まれ。2001年日本大学大学院修士課程修了。2001－2007年みかんぐみ。2007－2012年、計画・設計工房。2012年イロイロトリドリ設立。主な作品に「高台の家（2009グッドデザイン賞）」「モノ：ファクトリー品川ショールーム（JCD Design Award 2014銀賞）」。主な著書に『団地再生計画』（LIXIL出版）。

余洋　Yang YU
建築家、ハルビン工業大学建築部准教授／ランドスケープ・建築デザイン
1999年ハルビン土木建築大学卒業。2010年ハルビン工業大学大学院博士号（建築デザインと理論）。2011年より現職。著者に『Research on Ecological Suitability Technology of Rural Landscape Design in Cold Region』。

アジアのまち再生　社会遺産を力に

2017年3月30日　第1刷発行

編著者	山家京子＋重村力＋内田青蔵＋曽我部昌史＋中井邦夫＋鄭一止
発行者	坪内文生
発行所	鹿島出版会
	〒104-0028　東京都中央区八重洲2-5-14
	電話03-6202-5200　振替00160-2-180883
印刷・製本	三美印刷
装丁	渡邉翔

©Kanagawa University Center for Asian Studies 2017, Printed in Japan
ISBN 978-4-306-04648-1　C3052

落丁・乱丁本はお取り替えいたします。
本書の無断複製（コピー）は著作権法上での例外を除き禁じられています。
また、代行業者等に依頼してスキャンやデジタル化することは、
たとえ個人や家庭内の利用を目的とする場合でも著作権法違反です。

本書の内容に関するご意見・ご感想は下記までお寄せ下さい。
URL: http://www.kajima-publishing.co.jp/
e-mail: info@kajima-publishing.co.jp